W0248531

Stefan Schrahe

# Porsche 911

## 50 Jahre Sportwagenkultur

Stefan Schrahe

# Porsche 911

## 50 Jahre Sportwagenkultur

HEEL

Impressum

HEEL Verlag GmbH
Gut Pottscheidt
53639 Königswinter
Telefon 0 22 23 / 92 30-0
Telefax 0 22 23 / 92 30 26
Mail: info@heel-verlag.de
Internet: www.heel-verlag.de

© 2013: HEEL Verlag GmbH, Königswinter

Verantwortlich für den Inhalt:
Stefan Schrahe

Lektorat:
Martin Henze

Fotonachweis:
Porsche AG, Dieter Rebmann

Satz und Gestaltung:
F5 Mediengestaltung Ralf Kolmsee, Bonn

Alle Rechte, auch die des Nachdrucks, der Wiedergabe in jeder Form und der Übersetzung in andere Sprachen, behält sich der Herausgeber vor. Es ist ohne schriftliche Genehmigung des Verlages nicht erlaubt, das Buch und Teile daraus auf fotomechanischem Weg zu vervielfältigen oder unter Verwendung elektronischer bzw. mechanischer Systeme zu speichern, systematisch auszuwerten oder zu verbreiten. Ebenso untersagt ist die Erfassung und Nutzung auf Netzwerken, inklusive Internet, oder die Verbreitung des Werkes auf Portalen wie Googlebooks.

Alle Angaben ohne Gewähr, Irrtümer vorbehalten

Printed in Romania

ISBN: 978-3-86852-806-0

# Inhalt

1949-1963

# Markengeschichte: Vom Konstruktionsbüro zum Automobilhersteller

## Der Ur-Typ

*Wenn der Vater mit dem Sohne: Mit dem Ur-Typ hatten Ferdinand und Ferry Porsche ihren Traum vom eigenen Sportwagen verwirklicht.*

Ein sonorer Ton durchbrach nur allzu oft die Stille des Kärntner Frühsommers im Jahr 1948. Die Bewohner des idyllischen Fleckchens Karnerau bei Gmünd, die dem silbernen, offenen Zweisitzer nachblickten, an dessen Steuer der 39-jährige Ferry Porsche saß, konnten freilich nicht ahnen, dass sie die Geburt eines Mythos erlebten. Dem Versuchswagen unter der Projektnummer 356/1 hatten die britischen Militärbehörden am 15. Juni 1948 zusammen mit dem amtlichen Kennzeichen K-45286 eine Einzelgenehmigung für Testfahrten erteilt. Fortan war der erste Porsche ein vertrauter Anblick rund um das österreichische Dorf. Freilich: Dass vom Sägewerk Karnerau ein Impuls ausging, der noch mehr als 65 Jahre später die Herzen von Sportwagenfans in aller Welt höher schlagen lassen würde, dass der Name „Porsche" zum Synonym für den alltagstauglichen Sportwagen überhaupt werden sollte, hätte sich wohl auch Ferry Porsche am Steuer des 356/1 nicht vorstellen können – obwohl er sich als erster am knackigen Handling des zweisitzigen Roadsters erfreuen durfte.

Den Ur-Typ mit heutigen Sportwagen-Maßstäben zu messen, wäre allerdings unfair. Die Eckdaten lesen sich mehr als 60 Jahre später reichlich unspektakulär. Der luftgekühlte Vierzylinder-Boxermotor mit 1,1 Litern Hubraum hatte es zwar mit nur 585 Kilogramm Leergewicht zu tun, brachte aber auch nur 35 PS mit – was schon 1948 keinesfalls übermotorisiert war. Immerhin errechnete sich daraus ein Leistungsgewicht von 16,7 Kilogramm pro PS. Beim VW Käfer jener Tage musste sich eine Pferdestärke mit knapp 30 Kilogramm plagen. Neben der Agilität des leichten Autos überzeugte die Aerodynamik: Immerhin 135 km/h ließen sich mit dem Porsche 356/1 erzielen, bei abgedecktem Beifahrersitz waren sogar 140 km/h möglich. Ein hohes Maß an Effizienz prägte also den ersten Porsche, und das sollte zum Markenzeichen aller seiner Nachfolger werden.

Noch wichtiger als die Technik scheint die Idee, der Charakter, der in dem Ur-Typ steckte: Die Idee vom Porsche-Fahren. Schon der 356/1 muss genau jenen Genuss vermittelt haben, den Millionen und Generationen von Porsche-Fahrern erlebt haben und erleben: Fahren in seiner schönsten Form. Hinter diesem von Porsche später als Markenclaim verwendeten Satz steckt ein Lebensgefühl, das Porsche-Chef Matthias Müller im September 2011 in der Porsche-Kundenzeitschrift „Christophorus" so beschrieb: „Es geht darum, dass die Technik wirklich spürbar und erlebbar ist. Nicht Technik um der Technik willen, nein, Technik für das Gefühl, einen Porsche zu fahren. Gang einlegen, pure Mechanik und dann ein Kraftausbruch, wenn Motor und Getriebe zusammenwachsen, wenn die Energie sich entfaltet und sich auch im Sound ausdrückt. Da bekomme ich eine Gänsehaut." Ferry Porsche muss im Sommer 1948 genau diese Gänsehaut gehabt haben. Und jeder echte Porsche wird seither genau an dieser Frage gemessen: Ob er das Porsche-Gefühl vermittelt oder nicht.

Schon in den 1930er Jahren hatten der „Vater des Käfers", Ferdinand Porsche, und sein Sohn Ferry intensiv die Möglichkeiten einer sportlichen Variante des Volkswagens diskutiert. Kaum aus der Kriegsgefangenschaft entlassen, ließ Ferry Porsche diesen Gedanken wieder aufleben. Die finanziellen Möglichkeiten und die Materialknappheit jener Tage hätten zur Realisierung auch gar keine andere Möglichkeit gelassen. Bei der Entwicklung des 356/1 galt die Maxime, so viele Teile aus dem Regal der gerade angelaufenen Käfer-Fertigung zu übernehmen wie möglich.

Und tatsächlich war frappierend, wie viele Organe der Käfer dem Versuchsträger – und später auch den Serienfahrzeugen – spendete. Der Motorblock wurde 1:1 übernommen, allerdings mit modifiziertem Innenleben, erhöhter Verdichtung und Solex-Doppelvergasern von 25 PS auf 35 PS gebracht. Das Chassis wurde ebenfalls übernommen, genau wie Lenkung, Bremsanlage, Radaufhängung und Getriebe. Eine komplette Neuentwicklung war dagegen die auf einen Gitterrohrrahmen montierte Aluminium-Karosserie nach dem Design von Erwin Komenda, der auch den VW Käfer entworfen hatte. Binnen zwei Monaten war das Aluminium-Kleid über einem Holzmodell in Handarbeit gedengelt worden. Die Einbaulage des Vierzylinder-Boxers war freilich geändert worden: Das Aggregat des 356/1 war vor der Hinterachse angeordnet – als klassischer Mittelmotor.

Kein Wunder, dass Ferry Porsche auf seinen Testfahrten bereits von einer Kleinserie von 500 Fahrzeugen träumte – womit der Name „Porsche" erstmals auf der Karosserie eines Fahrzeugs zu lesen war. Im August konnte bei einem Straßenrennen in Innsbruck der erste Sieg eines Porsche-Sportwagens verzeichnet werden. Die Leistungsfähigkeit des Konzepts war eindrücklich unter Beweis gestellt worden. Doch bis zu einer Serienfertigung

***Der offene Ur-Typ verfügte noch über einen Mittelmotor und Leichtmetallkarosserie.***

sollte es noch eine Weile dauern – und zahlreicher Änderungen bedürfen. Der Erfolg sollte dafür weit über alles hinausgehen, was Vater und Sohn sich am Anfang dieser Geschichte hätten vorstellen können.

## Vom Prototypen zur Serie

Der Plan, eine Produktion für einen Sportwagen aufzubauen, erschien 1948 reichlich verwegen. Von einer geregelten PKW-Fertigung konnte im Nachkriegs-Europa nirgendwo gesprochen werden. Selbst Länder, deren Produktionseinrichtungen vom Krieg unversehrt geblieben waren – etwa Schweden mit Volvo – litten unter erheblichen Materialengpässen, sodass die Produktion von Fahrzeugen, die zumeist auf Vorkriegs-Konstruktionen basierten, nur sehr zögerlich anlief. Aber die Begeisterung für das Sportwagenprojekt ließ sich von schwierigen Rahmenbedingungen nicht bremsen. Zielstrebig wurde der Bau des ersten Porsche-Sportwagens in Angriff genommen.

Die ersten Kostenanalysen zeigten jedoch, dass der Gitterrohrrahmen viel zu aufwändig in der Herstellung war. Ein zweiter Prototyp wurde aufgebaut, dessen Aluminium-Karosserie mit dem Käfer-Plattformrahmen verbunden war. Statt vor der Hinterachse wurde der Motor nun außerdem dahinter platziert, um Platz für Gepäck und Passagiere hinter den Vordersitzen zu schaffen. Alltagstauglichkeit war schon 1948 eine wichtige Maxime für Porsche bei der Entwicklung eines Sportwagens.

Im Zürcher Seefeld eröffnete schließlich Bernhard Blank 1949 den weltweit ersten Porsche-Verkaufsraum – im Foyer seines Hotels! Der Hotelier organisierte im selben Jahr auch den ersten Auftritt der jungen Marke beim Genfer Automobilsalon. Auf dem Porsche-Stand wurden im März 1949 das 356/2-Coupé und das Cabrio der Weltöffentlichkeit präsentiert. Beide erregten sofort großes Interesse. Die Leistung war bei unverändertem Hubraum um 5 auf 40 PS gewachsen. Dass nahezu jede Modelländerung zugleich mit einer Erhöhung der Leistung verbunden war, sollte sich später auch zu einer guten Tradition des Hauses Porsche entwickeln. Die Resonanz auf dem Genfer Salon war so ermutigend, dass das Ziel von 500 Fahrzeugen nicht mehr utopisch, sondern in greifbare Nähe gerückt erschien.

Die Porsche-Mannschaft hatte inzwischen die Kärntner Provinz verlassen und wieder die heimatlichen Büros in Stuttgart-Zuffenhausen bezogen. In angemieteten Produktionshallen der Firma Reutter sollte endlich die angestrebte Serienfertigung begin-

*Der 356/2 war ein Coupé und der Motor – aus Platzgründen – hinter die Hinterachse gewandert.*

*Auf dem Genfer Salon 1949 wurden Coupé und Cabriolet der Öffentlichkeit präsentiert.*

nen. Vorher musste allerdings noch ein schmerzlicher Abschied vollzogen werden. Denn die Aluminiumkarosserie – in Kärnten in aufwändiger Handarbeit entstanden – hatte sich als nicht brauchbar für eine Serienlösung herausgestellt und musste durch eine Stahlkarosserie ersetzt werden. Das Mehrgewicht von 100 Kilogramm schmerzte, war aber unausweichlich. Dafür blieb der Verkaufspreis mit 9950 Mark unter der magischen 10.000er-Grenze.

## Erfolgsstory und Aufrüstung

Von nun an ging alles unfassbar schnell: Schon 1950 wurden fast 400 Fahrzeuge an ungeduldige Kunden ausgeliefert. Ab April 1951 war auf Wunsch ein 1,3 Liter-Motor lieferbar, der 44 PS mobilisierte. Über 1200 Porsche 356 verließen im gleichen Jahr die Zuffenhausener Werkshallen. Schon im zweiten Jahr war das ursprüngliche Produktionsziel mehr als verdoppelt worden. Maßgeblichen Anteil an diesem Erfolg hatte der US-amerikanische Markt. Der aus Wien stammende Max „Maxie" Edwin Hoffman war Anfang des Krieges nach New York emigriert und

*Mit Beginn der Fertigung bei Reutter in Stuttgart wurde der Wechsel von Aluminium auf Stahl vollzogen.*

*Starkes Herz: Der Fuhrmann-Motor leistete 110 PS und gilt auch heute noch als Meilenstein im Motorenbau.*

hatte 1946 begonnen, dort mit europäischen Autos zu handeln – ab 1950 auch mit Porsche. Aus den ursprünglich vorgesehenen „Einzelstücken" waren bereits im vierten Jahr 70 Prozent der gesamten Werksproduktion geworden.

Und es ging weiter Schlag auf Schlag. Bereits 1952 hatten die Porsche-Entwickler erkannt, dass der stoßstangengetriebene Volkswagen-Motor bei aller feinfühligen Bearbeitung nur begrenztes Potenzial hatte. Das Drehzahllimit schien bei 5000/min weitgehend ausgereizt und eine Hubraumerweiterung über 1600 cm³ nicht realisierbar. Um langfristig Motorsport-Erfolge abzusichern und Varianten anbieten zu können, die über das Leistungsvermögen des mit den Volkswagen-Genen versehenen Motors hinausgingen, musste ein neuer, eigener Motor mit größerem Drehzahlpotenzial entwickelt werden. Der nach seinem Erbauer auch heute noch „Fuhrmann-Motor" genannte Motor Typ 547 löste bei Porsche-Fans Entzücken aus. Das 1435 cm³-Triebwerk mit zunächst 110 PS bei 7800/min gilt als eine der kompliziertesten Entwicklungen im Verbrennungsmotorbau. Es hat vier obenliegende Nockenwellen (zwei je Zylinderbank),

*Der tragische Tod von US-Idol James Dean – nur wenige Stunden nach diesem Foto – trug zur Legendenbildung um den 550 Spyder bei.*

die über zwei Königswellen angetrieben werden, Doppelzündung mit zwei getrennten Zündverteilern sowie zwei Doppelfallstromvergaser.

Der Typ 550 – in dem der neue Motor erstmals eingesetzt wurde – markierte im Frühjahr 1953 die erste Porsche-Entwicklung für die Rennstrecke. Neben dem Mittelmotorkonzept des Ur-Typs tauchte auch dessen Aluminium-Karosserie wieder auf – ab 1956 sogar der Gitterrohrrahmen. Der „Fuhrmann"-Motor hatte mit den 550 Kilogramm des Rennwagens leichtes Spiel und trieb den flachen Flitzer auf 220 km/h Höchstgeschwindigkeit. Das Leistungsgewicht von 5 kg/PS war sensationell niedrig und erlaubte atemberaubende Beschleunigung und begeisterndes Handling. Ab der Saison 1954 wurde der Porsche 550 Spyder werksseitig eingesetzt und fuhr zahlreiche Rennerfolge ein, unter anderem die Mille Miglia 1955 und die Sportwagen-Weltmeisterschaft 1956.

Zu den Kunden, die ab 1954 bereit waren, exorbitante 24.600 Mark für den 550 Spyder auszugeben, zählte auch der Filmschauspieler James Dean. Nach nur drei Kinofilmen war er bereits zu einer Ikone der Jugendlichen avanciert und setzte seinen Spyder auch bei Autorennen ein. Im September 1955 – auf dem Weg zu einem Autorennen – verunglückte der Schauspieler in seinem 550 Spyder tödlich. Sein tragischer Tod trug maßgeblich zur Legendenbildung um die Porsche-Sportwagen bei.

## Spielzeug für Amis: Der Speedster

Die Evolution beim 356 ging unterdessen weiter. Mit dem 356 Speedster realisierte Porsche ab 1954 den Wunsch des US-Importeurs nach einem puristischen, preiswerten Cabriolet für die wohlhabende Jugend der Westküste. 1,5 Liter Hubraum und 55 PS genügten 1955 für einen Traumwagen. Der nur 1,22 Meter hohe und 770 Kilogramm leichte Speedster – 50 Kilogramm weniger als das Cabriolet – gilt vielen bis heute als der Porsche schlechthin.

Nach 9146 Exemplaren war es Zeit für die erste grundlegende Überarbeitung. Im Herbst 1955 erschien der Porsche 356 A, der die Geschichte des ersten Porsche-Sportwagens weiterschreiben sollte. Mit gebogener Frontscheibe aus Sicherheitsglas war der Porsche 356 A auf Anhieb von seinem Vorgänger zu unterscheiden. Dass man schon Mitte der fünfziger Jahre Wert auf ein breit gefächertes Programm legte, unterstreicht das Angebot von fünf Varianten mit einem Leistungsspektrum von 44 bis 100 PS. Vom technischen Prestige des Spitzenmodells

***Vor allem in den USA erfreute sich der spartanische Speedster großer Beliebtheit.***

***Das Topmodell mit 115 PS kratzte an der 200 km/h-Schallmauer. Das Kennzeichen sollte aber nicht auf das typische Verhalten von 356-Fahrern im Straßenverkehr schließen lassen.***

1500 GS Carrera profitierte auch die 44 PS-Version, die sich äußerlich kaum davon unterschied. Mit 15.750 Mark war das knapp 200 km/h schnelle Spitzenmodell 1956 freilich ausschließlich für Besserverdiener erschwinglich.

Bis zu seiner Ablösung durch das B-Modell im Herbst 1959 hatten 20.623 Exemplare des 356 A die Fertigungsbänder in Zuffenhausen verlassen. In jedem Jahr war ein neuer Produktionsrekord aufgestellt worden. 1958 war man bereits bei einer jährlichen Produktion von 5990 Fahrzeugen angelangt.

***Die frühen 356 hatten ab 1952 zwar keine geteilte Frontscheibe mehr – der charakteristische Knick war jedoch geblieben.***

## Taufrisch auch nach mehr als zehn Jahren

Mit dem B-Modell hatte der Porsche 356 eine Metamorphose erlebt, die außer den konzeptionellen Ähnlichkeiten kaum noch verwandtschaftliche Bezüge zum Wolfsburger Käfer übrig gelassen hatte. Bremsen, Lenkung, Getriebe, Chassis und Motor waren inzwischen komplette Porsche-Eigenentwicklungen. Es mutet aus heutiger Sicht befremdlich an, dass in einem Jahrzehnt, in dem die Massenautomobile extrem kurzlebigen Produktzyklen ausgesetzt waren und kein Nachfolger seinem Vorgänger glich, ein Fahrzeugkonzept auch nach zehn Jahren nichts von seiner Frische und Attraktivität verloren hatte. Tatsächlich wurde von den Fans sogar Sorge über einen möglichen Nachfolger geäußert, der den Charakter des 356 verwässern könnte. Ende der Fünfziger war der Porsche 356 begehrter als je zuvor. Aus dem puristischen 40 PS-Sportwagen war ein leistungsstarker Bolide mit bis zu 115 PS geworden, der zudem bei der Fahrsicherheit sowie beim Fahr- und Geräuschkomfort durch ständige Modellpflege deutlich gewonnen hatte.

Die B-Serie lief bis Sommer 1963 und wurde von der C-Serie, der letzten Ausbaustufe des 356, abgelöst. Fast 31.000 Porsche 356 B hatten die Gesamtproduktionszahl auf mehr als 61.000 ansteigen lassen. Mehr als die C-Serie erhitzte aber ein anderer Porsche 1963 die Gemüter der Fans. Bereits Monate vor der offiziellen Vorstellung hatte es Gerüchte und Diskussionen um einen Nachfolger des 356 gegeben. Im Herbst 1963 stand der 901 genannte Sportwagen auf dem IAA-Stand der Zuffenhausener. Aber das ist eine andere Geschichte.

***Als allwettertaugliches Cabriolet war der 356 auch in Europa erfolgreich.***

*Oben: Ab 1955 gehörte eine gebogene Frontscheibe zu den Erkennungsmerkmalen des A-Modells.*
*Links: Ein Porsche 356 C vor typischen Reihenhaus-Neubauten der frühen Sechziger. Für die meisten Zeitgenossen war aber wohl die Entscheidung: Porsche oder Häuschen.*
*Unten: Das Schnittbild verdeutlicht, dass einer der Hauptkritikpunkte des 356 der auch für Sportwagenverhältnisse kleine Kofferraum war.*

*Das Cabrio war die am längsten gebaute Variante des ersten Porsche-Serienfahrzeugs. Aber 1964 war auch damit Schluss.*

*Noch vor dem Beginn der Serienfertigung hatte der 356/1 Meriten im Motorsport erworben – eine Tradition, die zahlreiche 356 fortsetzten.*

1964-1972

# Ur-Typ: Die frühen Jahre – 901 bis F-Modell

## Die frühen Jahre

Auf einen Mythos zu folgen, ist eine undankbare Aufgabe für ein Automobil. Die Gefahr des Scheiterns ist groß. Zumal Mythen nie geplant werden, sondern zumeist unbeabsichtigt, wenn nicht gar aus Zufall entstehen. Auch für Söhne großer Väter ist es nicht leicht, aus deren langem Schatten zu treten. Der 356 war ohne diese Hypothek entstanden. Aus der Perspektive eines mit viel Improvisation zur Entwicklungs- und Produktionsmanufaktur umgebauten Kärntner Sägewerks war die Zielsetzung von 500 Fahrzeugen im Jahr 1948 als Utopie, aber nicht als Bürde erschienen.

Mitte der fünfziger Jahre hatte sich die Situation vollständig geändert. So märchenhaft der Erfolg der zurückliegenden Jahre auch erscheinen mochte: Die Verantwortlichen rund um Ferry Porsche bekamen immer deutlicher auch dessen Last und Verpflichtung zu spüren. Denn sie hatten nicht nur einen Mythos begründet, der weltweit Tausende von Enthusiasten infiziert hatte, sondern auch die Verantwortung für eine Fabrik mit fast 1000 Mitarbeitern und für ein Unternehmen, dessen Umsätze sich bereits im hohen zweistelligen Millionenbereich bewegten.

Das 356-Konzept – so viel war klar – befand sich am Ende seiner Entwicklungsmöglichkeiten. Der Carrera-Motor war für den Einsatz in einer größeren Serie viel zu aufwändig konstruiert und in der Wartung exorbitant teuer. Die Stoßstangen-Triebwerke hatten dagegen mit zwei Litern Hubraum und 90 PS endgültig den Zenit ihrer Leistung erreicht. Und auch das auf dem Käfer basierende Chassis befand sich am Ende seiner Entwicklungsmöglichkeiten.

***Der Entwurf von Albrecht Graf Goertz für den 356-Nachfolger konnte sich nicht durchsetzen. Der Vertrag mit dem Designer des BMW 507 wurde vorzeitig aufgelöst.***

Den Porsche-Entwicklern fehlte freilich die Orientierung. Sollte ein 356-Nachfolger ein modernisierter, aber in Stil und Proportionen dem 356 identischer Sportwagen werden? Sollte er größer werden, gar vier vollwertige Sitze haben und sich damit für Aufsteiger vom 356 anbieten? Auf jeden Fall musste er auf Anhieb als typischer Porsche erkennbar sein – eine Bedingung, die einerseits eine klare Richtung vorgab, andererseits aber begrenzten Gestaltungsspielraum bot. So wirkten erste Skizzen, die 1957 entstanden, wie aufgeblasene Versionen des 356 und verschwanden zu Recht wieder in den Schubladen der Design-Abteilung. Allen Entwürfen aber war gemein, dass sie eine größere und schwerere Karosserie als die des 356 vorsahen. So fiel schon vor der Entscheidung über die Gestaltung des neuen Porsche eine andere, wegweisende Entscheidung: Ein deutlich größerer und stärkerer Motor musste entwickelt werden. Ein Unterflur-Motor – wegen des Heckmotors, von dem Ferry Porsche nicht abgehen wollte – mit mindestens zwei Litern Hubraum und sechs Zylindern.

## Sechs statt vier

Der erste Entwurf von Motorentechniker Klaus von Rücker, ein Sechszylinder-Boxer mit zentraler Nockenwelle, schaffte es zwar bis ins Prototypen-Stadium, wurde aber Ende 1961 wegen zu großer Komplexität und unbefriedigenden Geräuschverhaltens verworfen. Favorisiert wurde fortan ein Konzept des jungen Ingenieurs Hans Mezger mit einer kettengetriebenen, obenliegenden Nockenwelle in jeder Zylinderbank. An dessen Entwicklung zur Serienreife sollte auch ein Enkel von Ferdinand Porsche, der gleichfalls junge Ingenieur Ferdinand Piëch, großen Anteil haben.

***Dass der Nachfolger einen Sechszylinder erhalten würde, stand frühzeitig fest. An seiner Serienreife hatte der junge Ferdinand Piëch, hier links neben Ferry Porsche, großen Anteil.***

***Ferdinand Alexander „Butzi" Porsche war ins Design-Team um Graf Goertz und Erwin Komenda aufgenommen worden.***

Auch die Gestaltungs-Aufgabe hatte man in Zuffenhausen immer ernster genommen: Mitte 1957 wurde nicht nur der renommierte Designer Albrecht Graf Goertz, der den legendären BMW 507 entworfen hatte, mit dem Entwurf für einen 356-Nachfolger beauftragt, sondern parallel dazu auch der 22-jährige Ferdinand Alexander Porsche, Sohn Ferry Porsches, der gerade seine Ausbildung an der Ulmer Hochschule für Gestaltung absolviert hatte. Die Entwürfe des Grafen hatten Firmenchef Ferry Porsche missfallen, weil sie zu radikal mit den weichen Linien des 356 brachen. Ende 1957 löste sich Graf Goertz aus dem Porsche-Vertrag, und Ferdinand Alexander „Butzi" Porsche teilte sich die Design-Verantwortung fortan mit Erwin Komenda, der als Vater des Käfers und des 356 seine Meriten erworben hatte.

***Der 754 T7 sollte mit seinem limousinen-ähnlichen Dach die Forderung nach mehr Platz erfüllen. Ein echter Viersitzer war freilich auch er nicht.***

Wie bei den Motorentechnikern war man auch unter den Karosseriegestaltern uneins über den künftigen Weg. Ferry Porsche beschrieb in seiner Autobiographie die Entwicklungsphase des neuen Porsche als geprägt „von innerbetrieblichen Kämpfen, die dafür sorgten, dass die Zeit verging, ohne dass ein Nachfolger für unseren 356 entstand". Keine guten Vorzeichen für einen neuen Mythos.

Vielleicht war der Firmenlenker aber auch nicht ganz unschuldig an der Misere. Die angestrebte Vergrößerung bei gleichzeitig maximaler Erhaltung des Porsche-Gefühls erwies sich als Quadratur des Kreises. Für den ersten, 754 T7 genannten, fahrbereiten Prototypen, der im November 1960 erstmals aus eigener Kraft lief, hatte vor allem Karosserie-Chef Erwin Komenda an der Idee des Viersitzers festgehalten. „Butzi" Porsche hatte dazu einen grazilen, lichtdurchfluteten Dachaufbau entworfen. Trotz hoher Dachlinie und eines Radstands von 2400 mm konnte jedoch von einem bequemen Viersitzer nicht gesprochen werden – der Einstieg war beschwerlich, und normal gewachsene Menschen stießen in aufrechter Sitzhaltung mit den Köpfen an die Heckscheibe. „Viersitzer können andere besser", schloss Ferry Porsche – und trotzdem muss es ihn schlaflose Nächte gekostet haben, als er, die Rufe der Porsche-Händler nach „mehr Platz und mehr Kofferraum" im Ohr, ein Jahr später von der Maxime der vier Sitzplätze abging. Die neue Zielvorgabe lautete: ein 2+2-Sitzer mit maximal 2200 mm Radstand. Es sollte sich als richtige Entscheidung herausstellen, die nicht weniger als den Fortbestand des Porsche-Mythos garantierte.

***„Viersitzer können andere besser", musste Ferry Porsche nach zahlreichen Entwürfen feststellen. Da konnte man auch gleich eine coupé-ähnliche Silhouette wählen.***

Im Dezember 1961 entstand der erste Entwurf von „Butzi" Porsche nach der neuen Vorgabe, in dem er Front- und Heckelemente des 754 T7 mit einer fließenden Dachform kombinierte – die Urform des Porsche 911 war geboren. Im April 1962 stand das erste 1:1-Modell in der Zuffenhausener Design-Abteilung, und nur ein halbes Jahr später war der erste Prototyp des 2+2-Sitzers

***Was lange währt: Der 356-Nachfolger hatte endlich seine Form gefunden.***

fahrbereit. Die Querelen waren damit keineswegs beendet. Während man sich bereits früh im Sinne eines größeren Kofferraums für eine neue Vorderachse mit McPherson-Federbeinen sowie für eine Zahnstangenlenkung entschieden hatte, konnte Ferry Porsche sich erst im Juni 1962 zur Abkehr von der hinteren Pendelachse durchringen. Deren kritische Fahreigenschaften hatte man zwar im Laufe der 356-Evolution weitgehend in den Griff bekommen, aber die vorgeschlagene Konstruktion einer Längslenker-Achse mit quer liegenden Drehstäben verhieß nicht nur größere Spurtreue, sondern auch mehr Platz im Innenraum – ein entscheidendes Plus für den angestrebten 2+2-Sitzer.

## Skeptische Reaktionen

***Auch Windkanalversuche – mit aufgeklebten Wollfäden, die den Strömungsverlauf abbildeten – gehörten zum Entwicklungsprogramm.***

Der neue Porsche stieß keinesfalls auf ungeteilte Zustimmung: „Zu eckig, zu groß – kein richtiger Porsche mehr", lästerten vor allem eingefleischte 356-Befürworter und ließen sich auch nicht vom potenten Zweiliter-Sechszylinder mit 130 PS, der den Sportwagen auf 210 km/h beschleunigte und ihn den Sprint von 0 auf 100 km/h in neun Sekunden absolvieren ließ, besänftigen. Auch die Tatsache, dass der 901 sogar schmaler als der 356 geraten war, spielte bei den besonders treuen unter den 356-Fans

*Das Lüfterrad sollte lange zu den charakteristischen Merkmalen der luftgekühlten Sechszylinder-Boxer gehören.*

keine Rolle. Ferry Porsche nahm die kritischen Reaktionen gelassen hin: „Wenn einem auf Anhieb etwas ungeheuer gut gefällt, hält das nicht lange vor“, ließ er verlauten und sollte Recht behalten. Die Präsentation auf der IAA im September 1963 in Frankfurt stieß auf wohlwollende Zustimmung. Erst im April 1964 durfte aber der erste Tester einen Porsche 901 begutachten. Reinhard Seiffert von *auto motor und sport* zeigte sich im April 1964 vor allem von der hinreißenden Form des Sportwagens begeistert: „Die Aufgabe lässt sich kaum überzeugender lösen. Es ist keine Spur Manieriertheit am ganzen Auto zu entdecken, kein Haschen nach kurzlebigen Effekten. Manche Formen verlieren, wenn man sie aus dem Neonlicht der Salons in die nüchterne Straßenumgebung bringt. Der 901 gewinnt. Er wirkt klar, einfach und schnell.“

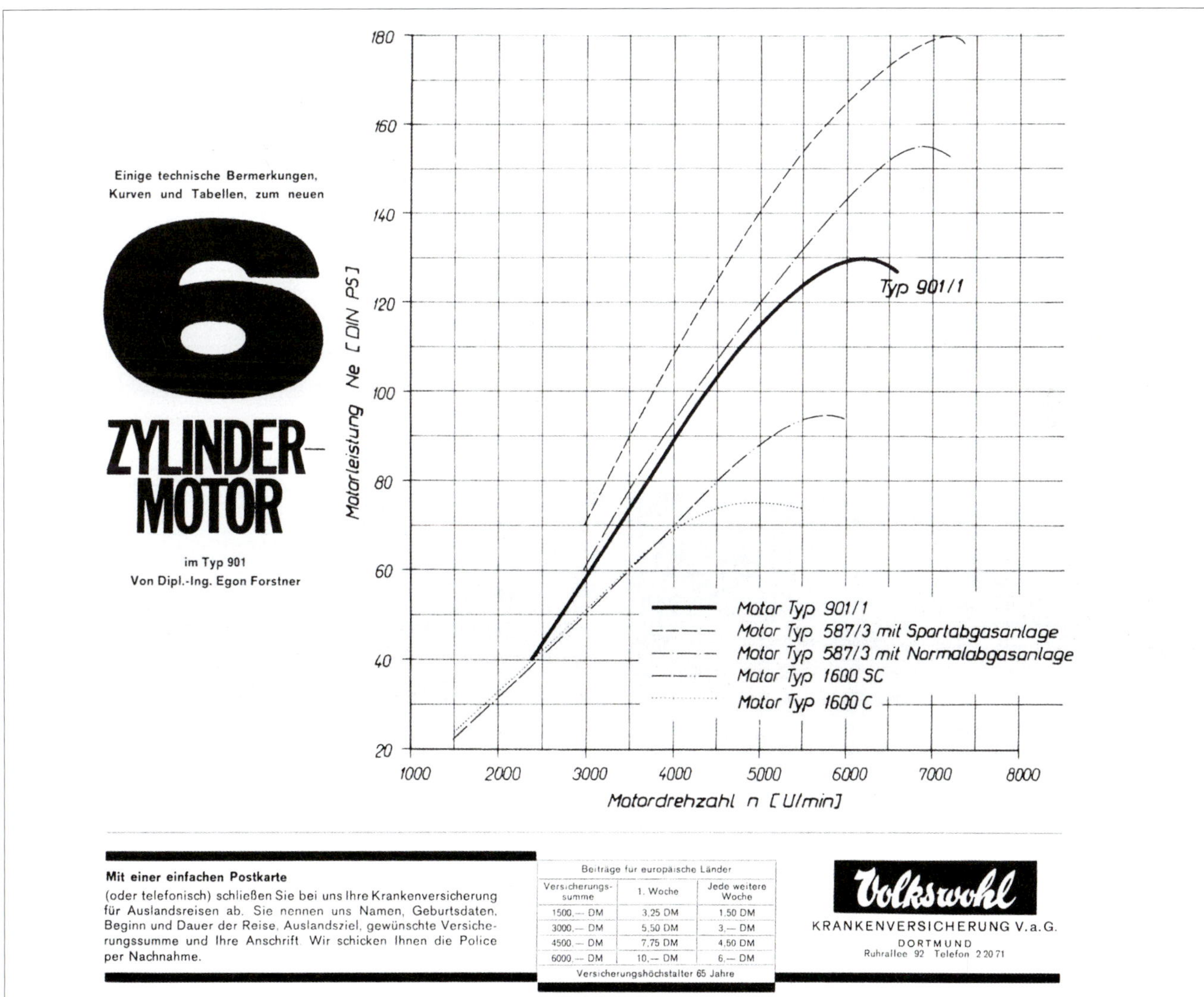
Einige technische Bermerkungen, Kurven und Tabellen, zum neuen

6 ZYLINDER-MOTOR

im Typ 901

Von Dipl.-Ing. Egon Forstner



**Mit einer einfachen Postkarte**
(oder telefonisch) schließen Sie bei uns Ihre Krankenversicherung für Auslandsreisen ab. Sie nennen uns Namen, Geburtsdaten, Beginn und Dauer der Reise, Auslandsziel, gewünschte Versicherungssumme und Ihre Anschrift. Wir schicken Ihnen die Police per Nachnahme.

Beiträge für europäische Länder

| Versicherungssumme | 1. Woche | Jede weitere Woche |
|---|---|---|
| 1500,— DM | 3,25 DM | 1,50 DM |
| 3000,— DM | 5,50 DM | 3,— DM |
| 4500,— DM | 7,75 DM | 4,50 DM |
| 6000,— DM | 10,— DM | 6,— DM |

Versicherungshöchstalter 65 Jahre

Volkswohl
KRANKENVERSICHERUNG V.a.G.
DORTMUND
Ruhrallee 92 Telefon 2 20 71

*Der Leistungsvorsprung des Sechszylinders gegenüber dem 356 1600 SC war eklatant.*

**_Beim Anblick des Fünf-Uhren-Layouts geht Porsche-Fans in aller Welt seit 50 Jahren das Herz auf – Holz ist als Designelement allerdings heute weitestgehend aus dem 911 verschwunden._**

**_Premiere auf der IAA: Als Typ 901 erblickte der 356-Nachfolger im September 1963 das Licht der Öffentlichkeit_**

**_Ende gut – alles gut. Ein sichtlich entspannter F. A. Porsche, dem mit dem Sportwagen ein Jahrhundert-Entwurf gelungen war._**

Die Schwierigkeiten hielten indes an. Die zahlreichen Änderungen kurz vor der Präsentation – insbesondere an Vorder- und Hinterachse – hatten den ursprünglich für Ende 1963 geplanten Fertigungsstart unmöglich gemacht. Zudem hatte die Karosserie Reutter & Co. GmbH sich geweigert, in neue Produktionsanlagen für den 901 zu investieren. Es blieb der Porsche-Geschäftsleitung keine Wahl, als Gelände und Einrichtungen für sechs Millionen Mark zu übernehmen und die notwendigen Investitionen selber zu tätigen. Fragezeichen standen auch hinter dem avisierten Verkaufspreis. Angesichts von 16.500 Mark, die 1963 für einen Porsche 356 SC mit 95 PS fällig waren, hatten die 23.900 Mark, die zur IAA für den 901 genannt wurden, für Bauchschmerzen auch bei der nicht am Hungertuch nagenden Porsche-Klientel gesorgt. Zum Verkaufsstart, der schließlich erst Anfang 1965 erfolgen sollte, wurde der Preis auf 21.900 Mark gesenkt – was nun wiederum den Controllern in Zuffenhausen Bauchschmerzen bereitete.

## Vom 901 zum 911

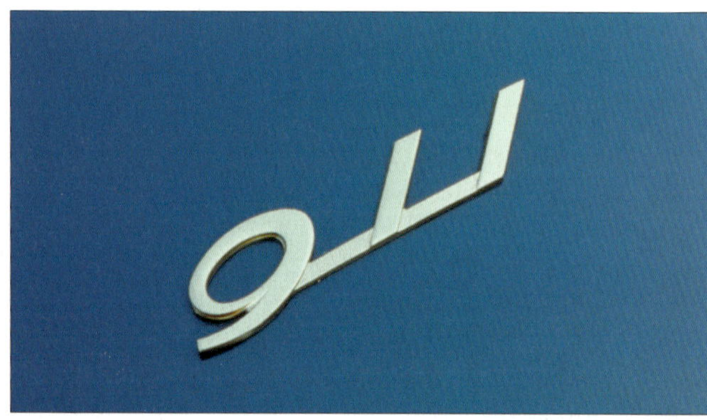

**_Die magischen Ziffern – so wie sie kurz vor dem Verkaufsstart noch geändert werden mussten._**

Vorher musste der neue Porsche allerdings zum zweiten Mal getauft werden. Denn der französische Autohersteller Peugeot hatte sich alle Fahrzeugbezeichnungen mit einer Null in der Mitte markenrechtlich schützen lassen – also auch 901 – und gegen Porsche geklagt. Als Folge wurden alle Verkaufsunterlagen im Oktober 1964 geändert: Nicht als „901", sondern als „911" sollte der erste Sechszylinder-Porsche in die Automobilgeschichte eingehen.

Es blieben zwei bange Fragen: Würde der 911 bei seinen Fahrern das Porsche-Gefühl auslösen können? Und würde er den Mythos seines Vorgängers fortsetzen können oder unter der Last des 356er-Ruhms erdrückt werden? Als Fazit des ersten „richtigen" Tests eines Porsche 911 im Januar 1965 gab *auto motor und sport*-Redakteur Reinhard Seiffert die Antwort – stellvertretend wohl für Tausende von 911-Fahrern nach ihm:

*Der 911 war schmaler als der 356 – auffallend gegenüber dem Vorgänger sind die erheblich größeren Glasflächen.*

*Dass der 911 einen Designfortschritt von 15 Jahren dokumentierte, wurde aus allen Perspektiven deutlich – auch wenn der 356 zum Schluss keineswegs als veraltet galt.*

*Die Silhouette, an der auch heute noch jeder Porsche 911 sofort erkannt wird, war schon 1964 unverwechselbar.*

„Dass der Porsche 911 Faszination besitzt, kann ihm nicht bestritten werden. Worin sie liegt, ist schwer zu sagen – es ist tatsächlich das Fahren um des Fahrens willen, das hier zum Prinzip gemacht wurde, die Ballung automobiler Kraft in einem Motor-Getriebe-Antriebsblock von ebenso komplizierter wie ingeniöser Konstruktion. Auf den 911 gründen sich die Zukunftshoffnungen der Firma Porsche, aber er ist vermutlich erst der Ausgangspunkt einer Gruppe möglicher Varianten, ein neuer Anfang, auf den sich in Zuffenhausen noch viel Gedankenarbeit konzentrieren wird. Denn: Ruhm ist leichter zu erwerben als zu bewahren."

*Die Fahreigenschaften – insbesondere der instabile Vorderwagen – konnten anfangs noch nicht voll überzeugen.*

Dass nach einer schwierigen Geburt – und von einer solchen musste man beim 911 Ur-Typ zweifellos sprechen – selten von einer weiteren Entwicklung ohne jegliche Komplikationen ausgegangen werden kann, mussten die Verantwortlichen in Zuf-

*Der Herr aus der Porsche-Verkaufsabteilung mit sichtlichem Stolz auf das neueste Produkt der Stuttgarter Sportwagenschmiede.*

*Rechts: Auch heute noch ein Anblick zum Genießen. Der mittig angebrachte Drehzahlmesser mit rotem Bereich knapp unter 7000/min unterstrich die sportlichen Ambitionen.*

fenhausen leidvoll erfahren. Die lange Konzeptfindungsphase mit zahlreichen Änderungen in letzter Minute hatte ihre Spuren hinterlassen. Die ersten ausgelieferten Porsche 911 als unausgereift zu bezeichnen, wäre daher keine Übertreibung. Das komplett neue Fahrzeug hatte die kleine Sportwagenmanufaktur, für die Entwicklung bis dato nur in kleinen, evolutionären Schritten stattgefunden hatte, an den Rand ihrer Möglichkeiten gebracht.

*Voll im Zeitgeist: Schweinslederne, gelochte Handschuhe, Sonnenbrille und Peter Stuyvesant-Zigaretten gehörten Anfang der Sechziger einfach dazu.*

## Kinderkrankheiten

Zwar fand das Konzept des 911 durchweg das Lob der Fachpresse, aber die Ausführung zahlreicher Details wurde kritisiert. Als problematisch stellte sich für die Besitzer der allerersten Porsche 911 im Winter 1964/1965 vor allem die Bedienung der Heizung dar. Ein Tester kommentierte die Heizungsanlage mit bitterem Sarkasmus: „Die richtige Einstellung der Belüftung wird ihnen nicht schwerfallen, wenn Sie ohne Hinsehen die Knöpfe solange hin und her bewegen, bis sie sich von ihrer Wirkungslosigkeit überzeugt haben." Dabei hatten die Zuffenhausener Modellplaner im Wissen um die Problematik luftgekühlter Motoren mit der Beheizung von Innenräumen im Wagenbug eigens eine benzinelektrische Webasto-Zusatzheizung installiert. Die

**_Umklappbare Rücksitze sorgten auf Wunsch für einen veritablen Gepäckraum, ohne die Polster in Mitleidenschaft zu ziehen._**

aber, kommentierte *auto motor und sport*: „... läuft ziemlich laut und lässt sich nicht regulieren; sie ist hauptsächlich als Zusatzheizung bei kaltem Wetter gedacht."

Auch die Schaltung des Fünfganggetriebes sorgte anfangs für Verwirrung. Der erste Gang saß – anders als beim H-Schema des 356 – unten links, der Rückwärtsgang oben rechts. Letzterer ließ sich nur einlegen, wenn der Schalthebel gleichzeitig nach oben gezogen wurde. Immerhin war es durch diese Auslegung aber nahezu unmöglich, beim sportlich-schnellen Schalten vom ersten in den zweiten Gang versehentlich im Rückwärtsgang zu landen – und das sportliche Fahren auf den noch nicht geschwindigkeitslimitierten Landstraßen der sechziger Jahre spielte sich ohnehin ausschließlich in den zwei Schaltebenen der Gänge zwei bis fünf ab.

Der exorbitante Kraftstoffverbrauch der ersten Porsche 911 bot ebenfalls Anlass zur Kritik. Porsche-Hausschreiber Richard von Frankenberg konstatierte, dass man den 911 durchaus mit 12 oder 13 Litern fahren könne, fügte aber hinzu: „Ich fürchte, so fährt niemand einen 911." Tatsächlich konnten es bei sportlicher Fahrweise eher 18 Liter sein, die auf 100 Kilometern durch die Solex-Vergaser flossen. Die bereiteten zusätzlichen Kummer: Zwischen 2400 und 3000/min produzierte die Gemischaufbereitung ein eklatantes Leistungsloch, das erst 1966 mit der Umstellung auf Weber-Vergaser geschlossen werden konnte.

Gravierender waren aber die Fahrwerksprobleme, unter denen die ersten 911 litten. Extreme Seitenwindempfindlichkeit, schlechter Geradeauslauf und gewöhnungsbedürftiges Kurvenverhalten waren Eigenschaften, die man von einem neuen Porsche nicht erwartet hatte. Sie gingen auf das Konto des hohen Motorgewichts und des kurzen Radstands. Dies verlangte die späteren Änderungen an Radstand und Hinterachse. Versuche mit anderen Reifendimensionen bewirkten eine starke Untersteuerneigung, die in ein plötzliches Übersteuern umschlagen konnte. Auch die Fertigungstechnik war Ursache für Probleme: Die Spannung der Drehstäbe der Federung zeigte starke Toleranzen, im Montageprozess fehlten aber Einrichtungen für eine Kontrolle der Radlast. Die aber war Hauptursache

**_Perfekte Eleganz: Der Charme früher 911-Modelle wirkt auch heute noch._**

*Auch ein Schiebedach gehörte zu den Extras, für die sich viele 911-Kunden entschieden.*

nicht so viele Blechhüllen produzieren wie geplant. Händeringend suchte man daher nach einem zusätzlichen Lieferanten für die Coupé-Karosserie, den man schließlich in der Osnabrücker Firma Karmann fand, die seit Mitte der fünfziger Jahre bereits große Teile der 356-Produktion übernommen hatte.

Ein schwieriger Start also, den die erste komplette Neukonstruktion der Stuttgarter Sportwagen-Manufaktur ab dem Herbst 1964 hinlegte. Und wenn das Konzept nicht so überzeugend gewesen wäre, wenn der Sechszylinder-Boxer nicht mit Durchzug und Drehfreude begeistert hätte, wenn das neugestaltete Interieur nicht jene Charakteristik eines perfekt sitzenden Maßanzuges vermittelt hätte, der Kofferraum nicht endlich ein praxisgerechtes Volumen gehabt hätte sowie Handlichkeit und Übersicht-

*Mit Muskelkraft: Die Montagegestelle mussten von Hand von einem Arbeitsplatz zum nächsten gezogen werden.*

für den schlechten Geradeauslauf. Die Fahrwerkstechniker um Helmuth Bott entschlossen sich schließlich zu einer radikalen Maßnahme und ließen die vorderen Stoßstangenhörner mit 22 Kilogramm Blei befüllen. Damit waren die Stabilitätsprobleme fürs Erste gelöst, das Blei wurde später durch eine Graugussmasse ersetzt.

Schließlich gestaltete sich die Fertigung an sich problematisch. Im angekauften Karosseriewerk der Firma Reutter ließen sich

lichkeit nicht über jeden Zweifel erhaben gewesen wären – dann hätte das Ende der neuen Baureihe, die zunächst parallel zum 356 angeboten wurde, vielleicht schon bald besiegelt werden müssen. Aber Sportfahrer in aller Welt erkannten das große Potenzial, das in der Konstruktion des Porsche 911 steckte. Und sie waren zuversichtlich, dass es den Zuffenhausenern bald gelingen würde, des Neulings Kinderkrankheiten zu kurieren, auf dass seine Qualitäten in den Vordergrund rückten.

Auch vorn ließ sich endlich genug Gepäck unterbringen. Zusammen mit dem Platz auf der Rückbank stand einem mehrwöchigen Urlaub zu zweit so nichts mehr im Wege.

In den Straßenschluchten des Big Apple fällt die schlichte Gestaltung des Porsche 911 noch stärker auf als im heimatlichen Straßenbild.

Ein Schwabe in New York: Der US-Markt war für Porsche seit den Fünfzigern von elementarer Bedeutung.

## Vier statt Sechs: der 912

*Voller Erfolg: Der 912 sollte 356-Kunden bei der Marke halten, was dem Einsteiger-Modell überzeugend gelang.*

Der Preis, der beim Porsche-Händler für den 911 zu entrichten war, stellte die Solvenz seiner Fans auf eine harte Probe. Trotz der Preissenkung um 2000 Mark, die zwischen Premiere und Serienbeginn vorgenommen wurde, waren 21.900 Mark immer noch eine gewaltige Hürde – nicht nur gemessen an den 16.500 Mark, für die ein 356 SC mit 95 PS in der Preisliste stand, sondern auch im Vergleich zu einem Mercedes 230 SL, der nur 300 Mark teurer war und immerhin 150 PS leistete. Das war auch den Porsche-Verantwortlichen klar, die mit Sorge beobachteten, dass der Absatz des 911 nur langsam in die Gänge kam.

Das Produktionsende des 356 war – entgegen offizieller Verlautbarungen – zum Zeitpunkt der Präsentation des 911 längst beschlossene Sache. Das Marktsegment der preiswerteren 356-Typen wollte man indes nicht kampflos aufgeben und britischen oder italienischen Sportwagen überlassen. Insbesondere in den Vereinigten Staaten, wo Tempolimits das Fahren jenseits der 88 km/h-Grenze ohnehin verboten, bestand auch weiterhin ein großes Potenzial unterhalb des 911. Der neue Porsche sollte sich jedoch erst als Sechszylinder etablieren, bevor man ihm eine preisgünstigere Vierzylinder-Version zur Seite stellen wollte.

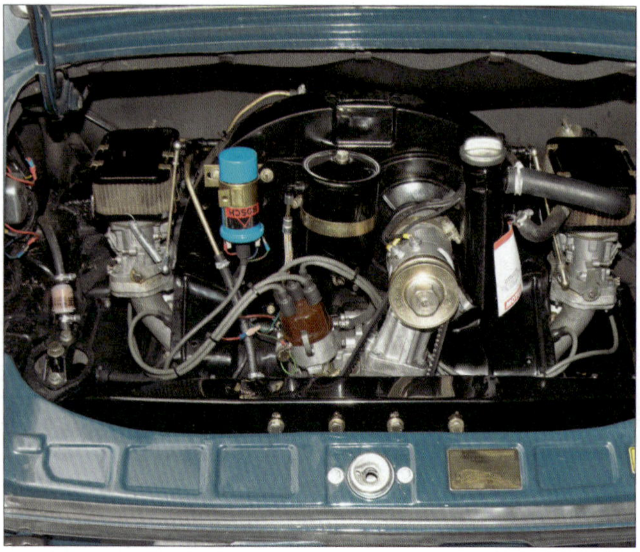


*Der 90 PS-Vierzylinder aus dem 356 SC trieb den 912 immerhin auf 185 km/h. Mitte der Sechziger absolut sportwagen-like.*

Als ebenso einfache wie geniale Lösung erwies sich dabei die Installation des Motors aus dem 356 SC ins Heck des 911. Aufgrund eines veränderten Luftfilters leistete das 1,6 Liter-Aggregat in seiner neuen Umgebung zwar nur noch 90 PS, aber das reichte vielen Kunden jenseits des großen Teichs vollkommen aus. Mit 16.250 Mark spielte die Porsche 912 genannte Vierzylinder-Variante preislich in einer völlig anderen Liga als der 911. Gespart hatten die Porsche-Controller nicht nur am Motor: Auf die Webasto-Zusatzheizung mussten 912-Käufer verzichten (oder sie gegen Aufpreis dazu bestellen), die Felgen waren nur lackiert statt verchromt und statt des Arrangements mit fünf Uhren im Armaturenbrett konnte man sich im 912 nur an drei Uhren erfreuen, die zudem auf nacktem, in Wagenfarbe lackiertem Blech montiert waren. Gummimatten statt Veloursteppiche und ein Lenkradkranz aus Kunststoff statt aus Holz rundeten die Einsparmaßnahmen ab.

*Auch im Innenraum waren die Einsparungen sichtbar. Mit drei statt fünf Instrumenten mussten sich 912-Kunden abfinden.*

Bei der Präsentation des 912 im April 1965 versuchten die Porsche-Werber den Neuen als „Porsche für die Dame" zu positionieren. Auch die schwächeren 356-Versionen waren Ende der

Fünfziger verschiedentlich als Porsche-„Dame" bezeichnet und tatsächlich auch gerne von solchen bewegt worden. Dabei war der 912 nach den Maßstäben der Sechziger keineswegs ein langsames Auto: Mit 185 km/h Spitze und einer Beschleunigung von 0 auf 100 km/h in 12,5 Sekunden ließ er zumindest die meisten Limousinen seiner Zeit klar hinter sich. Dabei zeigte sich das Fahrverhalten aufgrund des geringeren Motorgewichts gegenüber frühen 911 sogar deutlich ausgewogener. Die Qualitäten des 912 blieben potenziellen Käufern denn auch nicht verborgen. Gerne wird heute vergessen, dass sich der Vierzylinder zunächst sogar deutlich besser verkaufte als der Sechszylinder. 1966 standen 9273 gebauten Porsche 912 nur 2796 Porsche 911 gegenüber, die im gleichen Zeitraum die Zuffenhausener Montagehallen verließen. Erst im Folgejahr sollte der 911 den 912 nicht nur in den Fahrleistungen, sondern auch in den verkauften Stückzahlen überholen.

***Er verkaufte sich anfangs besser als der 911: Der Porsche 912 hatte maßgeblichen Anteil am wirtschaftlichen Erfolg von Porsche Mitte der Sechziger.***

Zum Modelljahr 1967 wurde die Ausstattung des 912 weitestgehend an den 911 angepasst – freilich hatte sich zwischenzeitlich auch der Preis auf 17.590 Mark erhöht. Da der Preis des 911 aber inzwischen 22.900 Mark erreicht hatte, blieb der Abstand in etwa gleich. Ob der Porsche 912 als echter „Elfer" einzuordnen ist, wird bis heute heftig diskutiert. Auch wenn am 911 deutlich mehr verdient wurde, halfen die fast 33.000 Porsche 912, die bis August 1969 vom Band liefen, in erheblichem Ausmaß, die neue Baureihe als feste Größe im Automobilmarkt zu etablieren.

## Offen durch die Sechziger: Der Targa

Erst im Herbst 1962, als der erste geschlossene 901er-Prototyp endlich sein heiseres Sechszylinder-Bellen ertönen ließ, hatte man begonnen, sich Gedanken über ein Cabriolet zu machen.

***Das hintere Verdeck ließ sich zurückklappen, was das Frischluftfeeling ähnlich wie bei einem richtigen Cabriolet spürbar machen sollte.***

Schließlich hatte der Anteil der offenen Varianten am Porsche 356 rund 40 Prozent betragen – und vor allem der US-amerikanische Markt verlangte auch vom neuen Porsche eine Frischluft-Version. Zahlreiche konstruktive Alternativen wurden untersucht – vom „normalen Cabrio" bis hin zu einer Rolldach-Variante ähnlich der Cabrio-Limousinen der dreißiger Jahre. Eine der möglichen Lösungen war eine Variante mit lackiertem Hauptspriegel, der als Schutz feststehend oder umlegbar sein sollte. Heckteil und Vordach sollten abnehmbar sein. Der versenkbare Überrollbügel hatte einen gewissen Charme und wurde zunächst favorisiert – Anfang 1963 jedoch aus Kostengründen verworfen.

In der Folge wurde an sechs verschiedenen Alternativen für eine offene Version des neuen Porsche gearbeitet, ohne dass sich ein klarer Favorit herausbildete. Neuen Schwung und eine klare Richtung

***Auch in geschlossenem Zustand hatte sich die geschwungene 911-Silhouette nicht ganz konservieren lassen.***

bekamen die Arbeiten erst, nachdem die Fragen nach dem Cabriolet nicht nur von Besuchern der IAA, sondern vor allem von US-Händlern immer dringlicher gestellt wurden. Deren einziger Trost war, dass das 356 Cabriolet vorerst weitergebaut wurde, aber ihre Botschaft war klar: Die hervorragende Stellung von Porsche gerade in Kalifornien würde sich ohne eine offene Variante niemals halten lassen.

Es waren letztlich Kostengründe, die den Ausschlag für die Variante mit feststehendem Überrollbügel, herausnehmbaren Mittelteil aus Metall sowie herausnehmbaren, hinterem Dachteil gaben. Im Juni 1964 einigte man sich bei der Präsentation des ersten 1:1-Modells im Beisein von Ferry Porsche endgültig auf diese Version, auch wenn „Butzi" Porsche die Dachlinie des Coupés als empfindlich gestört sah. Entscheidender Vorteil war der mit Abstand geringste Änderungsumfang dieser Lösung: Türen, Fenster und Heckpartie konnten unverändert vom Coupé übernommen werden.

Sicherheitsaspekte wurden dagegen – entgegen späterer Behauptungen – nicht angeführt. Das Buch „Unsafe at any speed" des US-amerikanischen Verbraucheranwalts Ralph Nader, das eine jahrelange Diskussion über die Sicherheit von Automobilen – insbesondere Cabriolets – auslösen sollte, erschien erst ein ganzes Jahr später und kann bei der Entscheidungsfindung keine Rolle gespielt haben. Gleichwohl hatte Nader den Zuffenhausener Entwicklern im Nachhinein ein weiteres Argument für jene Lösung geliefert, die im September 1965 der Öffentlichkeit präsentiert werden sollte.

*F. A. Porsche war mit dem Design des Targa nie ganz zufrieden. Zumindest auf diesem Foto scheint er daraus auch keinen Hehl zu machen.*

Es war auch nicht die Karosseriesteifigkeit, die den Ausschlag für die Überrollbügel-Variante gab. Den Karosserie-Entwicklern war klar, dass der Bügel an der B-Säule nicht den Stabilitätsverlust des herausnehmbaren Daches kompensieren konnte. Karosserie-Entwickler Helmuth Bott protokollierte denn auch am 28. Januar 1965: „Das Cabrio machte insgesamt einen guten Eindruck. Beim Überfahren von Pflasterstellen (Brücken) mit hoher Geschwindigkeit spürt man die bekannte Cabrio-Weichheit, die jedoch auch bei diesem Fahrzeug nicht ausgeprägter als am 356 C Cabriolet zu registrieren ist." Bei späteren Fahrversuchen stellte sich heraus, dass zusätzliche Verstärkungen im Schwellerbereich notwendig waren, um die geforderte Stabilität zu erreichen.

Im August 1965 wurde die neuartige Verdecklösung zum Patent angemeldet. Inzwischen war in Zuffenhausen die Erkenntnis gereift, dass sich diese nicht mehr einfach so als „Cabriolet" würde bezeichnen lassen – trotz einiger Änderungen: Der Bügel war gegenüber ersten Versionen schmaler geworden und das Dachmittelteil mit schwarzem Kunststoff bezogen, um den Eindruck eines Stoffverdecks zu erzielen. Ein neuer Name sollte die Neuartigkeit der Lösung dokumentieren. Um eine Assoziation zu den sensationellen Rennerfolgen der Porsche-Modelle herzustellen, sollte der Name einer berühmten Rennstrecke Pate für den offenen 911 stehen. Inlands-Verkaufsleiter Harald Wagner schlug in einem eigens dafür anberaumten Brainstorming den Namen „Targa" vor. Das berühmte, seit 1906 ausgetragene Langstreckenrennen durch die sizilianischen Berge hatten der britische Rennfahrer Colin Davis und sein italienischer Kollege Antonio Pucci kurz zuvor auf einem Porsche 904 in überzeugender Manier gewonnen – der fünfte Porsche-Erfolg, seit sich Umberto Maglioli und Porsche-Rennleiter Huschke von Hanstein 1955 in einem 550 Spyder erstmals in die Siegerlisten des Klassikers hatten eintragen können.

Erst nachher stellte sich heraus, dass das Wort „Targa" im italienischen „Schutzschild" bedeutet. Angesichts der zu seiner Vorstellung bereits entbrannten Sicherheitsdiskussion hatte der Schicksalsgott den Porsche-Verantwortlichen bereits zum zweiten Mal ein glückliches Händchen beschert. Zudem ließ der Name „Targa" an den sizilianischen Frühling, an sommerliche Temperaturen, an blaues Meer und Dolce Vita denken – alles Dinge, die gut zu einem offenen Auto passen. Der ebenfalls diskutierte

***Schon früh verlor die Variante mit hinterem Soft-Top ihre Zulassung in den USA. 1969 verschwand sie ganz aus dem Modellprogramm.***

Name „Nürburg" hätte dagegen leicht mit Nebel, Sprühregen und Eifler Provinzialität assoziiert werden können.

Die Verkaufspsychologen in Zuffenhausen standen trotzdem vor einer Herausforderung. Aus den internen Diskussionen waren ihnen nur zu gut die Nachteile des Targa-Konzepts und die Vorbehalte von Anhängern klassischer Vollcabriolets gegenüber der neuen Lösung bekannt. Da man gegenüber den Frischluftfanatikern unter den Porsche-Fans nicht mit Kostengründen argumentieren konnte, mussten andere Vorteile der Konstruktion herausgearbeitet werden. Erneut wurde Kreativität bemüht: Jede Öffnungsmöglichkeit des Targa bekam nun einen anderen Namen. Von „Bel Air" war die Rede, wenn nur das Mittelteil herausgenommen war, Targa „Spyder" wurde jener Zustand genannt, in dem auch die Heckpartie des Dachs heruntergeklappt war, Targa „Voyage" die Konfiguration für die Reise mit geschlossenem Dach, aber offener Heckpartie (Frischluft ohne Sonnenbrand) und Targa „Hardtop" die komplett geschlossene Variante. Targa-Kunden sollten also nicht weniger als vier Autos zum Preis von einem bekommen – Variabilität war beim Targa Trumpf.

***In dieser Konfiguration, ohne Dachmittelteil, aber mit geschlossenem hinteren Verdeck, sollte der Targa nahezu zugfrei zu fahren sein – was den hochtoupierten Damenfrisuren der Sechziger entgegen kam.***

Präsentiert wurde der 911 Targa zur IAA 1965 als „erstes Sicherheitscabriolet der Welt". Die Enttäuschung angesichts der gewöhnungsbedürftigen Optik hatte man einkalkuliert und den Überrollbügel als Element apostrophiert, das „vorher ausschließlich bei Grand Prix-Rennwagen und Prototypen des Rennsport von Porsche und Ferrari" zu finden war, nun aber erstmals in die Serienfertigung Einzug gehalten hatte. Der „Sturzbügel" wurde in eine Linie mit aus dem Rennsport stammenden Technologien wie Einzelradaufhängung oder Scheibenbremse gestellt und als Formel 1-Lösung für Cabriofahrer ausgelobt.

Wen das nicht überzeugte, der wurde mit noch gewichtigeren Argumenten konfrontiert. Die Damenwelt gehörte schon beim 356 Cabriolet zur wichtigsten Zielgruppe. Die zu Rekordhöhen toupierten Betonfrisuren der Sechziger waren laut Einschätzung der Zuffenhausener Presseabteilung aber nicht mehr cabrio-kompatibel. In der Kundenzeitschrift „Christophorus" schilderte die Journalistin Anne Marie Flachmeier 1966 ihre erste Begegnung mit dem neuen, offenen Porsche. Dem Schock, den der Nirostabügel des Targa dem Schönheitssinn der leidenschaftlichen 356 Cabrio-Fahrerin zunächst versetzt hatte, folgte eine fundamentale Erkenntnis anlässlich der ersten Probefahrt: „Das Fahren mit dem Targa Voyage ist ohne jeden Zug. Der gewohnte Wirbel im Nacken bleibt vollständig aus, ein ganz neues Cabriogefühl. Meine Damen, können Sie sich vorstellen, dass ich mit derselben perfekten Frisur ausstieg, mit der ich eingestiegen war? Unglaublich, aber in Zukunft brauchen wir nicht mehr mit Kopftüchern und Schals vermummt zu fahren. Die im Hinweis auf die zerdrückte Frisur vom lieben Gatten einzusteckende Bemerkung, dass Cabrioleute eben nicht alles haben können, entfällt hinfort."

Aus dem geplanten Produktionsstart im Frühjahr 1966 freilich wurde nichts. Ein Versuch im November 1965, bei dem man einen Targa-Prototypen aus zwei Metern Höhe kopfüber auf eine Messplatte hatte fallen lassen, hatte zu Tage gebracht, dass man von der angestrebten Schutzwirkung des Sicherheitsbügels noch ein gutes Stück entfernt war. Um nicht von der Positionierung als „Sicherheitscabriolet" abzuweichen, musste die Konstruktion nochmals überarbeitet werden. Erst am 23. Januar 1967 rollte der erste offene 911er von den Bändern des Zuffenhausener Werks. Dafür war die 1400 Mark Aufpreis kostende Frischluft-Variante auf Anhieb auch für den 912 lieferbar.

Die Reaktionen fielen zwiespältig aus. Wer am 356 Roadster etwa geschätzt hatte, dass sich das Dach ohne auszusteigen mit einem Handgriff auf- und zuklappen ließ, der musste im Frühjahr 1967 in *auto motor und sport* folgenden Erfahrungsbericht von Tester Henry Keller lesen:

„Nach dem Ziehen des Hauben-Innengriffs muss die vordere Haube geöffnet werden. Im Kofferraum befindet sich die Faltverpackungstasche, aus der das zusammengeklappte Faltdach zu entnehmen ist. Nun gilt es, dies Faltdach durch zwei Gelenkstreben zu spannen. Mir gelang es, ehrlich gesagt, nur, indem ich das Dach auf den – inzwischen von Regentropfen angefeuchteten – Boden aufstütze und mit dem Fuß die Gelenkstreben durchdrückte. Mit der Hand schaffte ich es erstens nicht, und zweitens hatte ich das peinliche Gefühl, mir dabei furchtbar die Finger klemmen zu können. Weiter in der Gebrauchsanweisung: Das gespannte Faltdach ist mit seinen hinteren Zapfen in die dafür ausgesparten Öffnungen des Dach-

***Ein Traum in gelb: Porsche 911 Targa klassisch mit Fuchsfelgen.***

*Das Targabügel mit festem Dachhinterteil gehörte bis 1994 zum 911-Angebot.*

bügels einzusetzen. Dass man dafür zwei Leute braucht, steht nicht drin. Die Pilotin und ich schafften das in gemeinsamer Zielübung. Nun fielen die ersten Regentropfen auf das Dach statt in den Wagen.

Die Verriegelungsschlüssel sind aus dem Handschuhkasten zu nehmen und in die dafür vorgesehenen Öffnungen oberhalb der Windschutzscheibe einzuführen. Durch Drehung im angegebenen Sinn wird das Dach verriegelt. Vorher musste ich allerdings noch mit mächtigen Faustschlägen das Dach zum richtigen Einrasten bewegen. Das weitere war mehr ein Kinderspiel: Die Druckknöpfe der hinteren Abdeckplane mussten gelöst und die Plane unter der vorderen Haube verstaut werden. Dann brauchte das hintere Plastikverdeck lediglich noch hochgezogen, mit Reißverschluss befestigt und durch zwei Hebel flattersicher gespannt werden. Das Auto war zu."

Die Variabilität des Targa-Konzepts sowie die niedrigen Windgeräusche mit geschlossenem Verdeck auch bei hohem Tempo konnte Henry Keller dagegen nachvollziehen und Vorteile gegenüber Schiebedach („über und neben dem Kopf alles offen") und Hardtop („man kann das Dach zusammenfalten und mitnehmen") finden. Bezüglich der Vorzüge gegenüber einem normalen Cabriolet aber formulierte er einen Appell: „Darüber denke ich noch nach. Einstweilen bitte ich um Anregungen aus dem Leserkreis."

Dem Erfolg des Targa tat dies keinen Abbruch. Während US-amerikanische Hersteller aufgrund der Kampagne von Ralph Nader jahrelang überhaupt keine Cabriolets mehr produzierten und der Markt auch für italienische und englische Roadster zusammenbrach, erfreute sich der 911 Targa mit seinem Sicherheitsimage im Land der unbegrenzten Möglichkeiten vom Start weg großer Beliebtheit und sollte dort seinen mit Abstand wichtigsten Markt finden. Zeitweise fanden 80 Prozent der Targa-Modelle den Weg über den großen Teich und dort überwiegend ins sonnige Kalifornien. Ab 1968 lieferte Porsche wahlweise eine feststehende Heckscheibe, da die Modelle mit Plastikscheibe und Klappdach in den USA nicht mehr als 2+2-Sitzer zugelassen wurden. 1969 wurde die feststehende Heckscheibe zur Serienausstattung.

Mit stetig bis auf mehr als 40 Prozent des Verkaufsvolumens wachsendem Anteil war der Targa fortan eine wichtige Säule im Verkaufsprogramm des Porsche 911. Das Image der halbherzigen Lösung indes wurde er nie ganz los, obwohl sein Konzept für den gemeinsam mit Volkswagen entwickelten und vertriebenen VW-Porsche 914 als einzige Karosserieform übernommen wurde. Der Überrollbügel sollte sogar eine zentrale Rolle bei der Cabrio-Renaissance der achtziger Jahre spielen. Kaum ein europäischer Großserienhersteller, der in jener Zeit nicht eines seiner Modelle als viersitziges Cabrio im „Erdbeerkörbchen-Look" präsentierte. Die durften sich freilich nicht „Targa" nennen – den Namen hatte sich Porsche schützen lassen.

# Das Leistungskarussell kommt in Bewegung: Der 911 S

*Erstmals mit den klassischen Fuchs-Felgen: Die von F. A. Porsche entworfenen Räder wurden für den 911 S kreiert, der im August 1966 vorgestellt wurde.*

*Der Zweiliter-Motor leistete dank erhöhter Verdichtung 160 PS und leitete eine Leistungs-Evolution ein, die bis heute kein Ende findet.*

*225 km/h Höchstgeschwindigkeit und eine Beschleunigung von 0 auf 100 km/h in 6,7 Sekunden ermöglichte die besonders sportive Version des Sechszylinder-Boxers.*

*Das Fahrwerk war der gestiegenen Leistung angepasst worden, unter anderem mit innenbelüfteten Bremsscheiben.*

*Das Interieur präsentierte sich weitegehend unverändert – allerdings im sportiven Kunstleder-Look statt im Holz-Design des Standard-911.*

Der grundsoliden und drehfreudigen Konstruktion des Sechszylinder-Boxers hatten Fachleute schon nach den ersten Fahreindrücken im Frühjahr 1964 mehr als 130 PS zugetraut. Im August 1966 war es endlich so weit, und die Porsche-Entwickler zündeten die erste Evolutionsstufe einer bis heute andauernden Leistungsexplosion. Der auf 1:9,8 verdichtete Zweiliter-Motor mit geänderten Steuerzeiten und Weber-Vergasern leistete mit 500/min höherer Maximaldrehzahl 160 PS und katapultierte die 911 S getaufte Variante in 6,7 Sekunden auf 100 km/h und weiter bis zu einer Höchstgeschwindigkeit von 225 km/h. Mit 24.480 Mark war der 911 S zwar 3500 Mark teurer als die weiterhin angebotene „Normal"-Version mit 130 PS, konnte aber für sich den Nimbus als schnellstes Auto deutscher Produktion beanspruchen. Den 911 S hatten die Porsche-Techniker ganz bewusst als Basis-Variante für Motorsporteinsätze konzipiert. Deshalb gab es auch nicht weniger als sechs ab Werk lieferbare Getriebeübersetzungen – die eine tauglich etwa für den Einsatz auf dem Nürburgring, eine andere für den in Bergrennen.

**_Der Porsche 911 S war einer der automobilen Träume der Sechziger, die sich nur wenige leisten konnten._**

Das Fahrwerk war der gestiegenen Motorleistung angepasst worden. Verstellbare Koni-Dämpfer, ein verstärkter Stabilisator vorn und ein zusätzlicher Stabi hinten sowie hohlgegossene, innenbelüftete Bremsscheiben dokumentierten den sportlichen Anspruch. Äußerliches Erkennungsmerkmal der S-Modelle waren jedoch die von F.A. Porsche gezeichneten Fünfspeichenräder – erstmals bei einem Porsche aus Leichtmetall –, die als „Fuchs-Felgen" in die 911-Geschichte eingehen sollten. Auch im Innenraum unterschied sich die stärkere Variante vom Basis-911: Statt der Holzapplikationen an Lenkrad und Armaturenbrett kamen – motorsport-typisch – Leder und kariertes Kunstleder zum Einsatz.

Der Porsche 911 S fand von Beginn an ein begeistertes Echo. Geradezu euphorisch schwärmte Reinhard Seiffert in *auto motor und sport*: „Der 911 S ist ein absolut überlegenes Fahrzeug, das zur Welt-Extraklasse gezählt werden muss." Und der Tester der amerikanischen Zeitschrift *Car & Driver* konstatierte: „Immer, wenn sie mit einem neuen Modell herauskommen, ist es das beste überhaupt."

## Das Programm wird ausgebaut: Der 911 T

Zu Zeiten des 356 hatte es meist ein dreigeteiltes Programm mit einer sportlichen Spitzenversion, einer Normal-Variante und einem günstigeren Einstiegsmodell gegeben. Mit Porsche 912, 911 und 911 S war dieser Zustand ab Herbst 1966 auch für die neue Baureihe erreicht. Die Modellplaner in Zuffenhausen identifizierten jedoch eine Lücke zwischen 912 und 911, die es ab Sommer 1967 zu schließen galt. Der 911 T sollte die Rolle des Einsteigermodells in die Sechszylinderwelt spielen.

Die auf 1:8,6 zurückgenommene Verdichtung führte zu einer Leistung von 110 PS bei moderaten 5800/min. Das niedrigere Drehzahlniveau ließ die Verwendung einfacherer Materialien für das Zweiliter-Aggregat zu: So waren die Zylinder aus Grauguss statt aus Biral gefertigt, die Kipphebel aus Grauguss statt aus Stahl, und die Kurbelwelle musste ohne Gegengewichte auskommen. Trotzdem gehörte auch der 911 T dem exklusiven 200 km/h-Club an. Kombiniert mit dem Ausstattungsniveau des

*Nach Auslaufen des 912 spielte der 911 T die Rolle des Einstiegsmodells. 110 PS sorgten für ansprechende Fahrleistungen.*

*Links: Die Aluminium-Leiste unterschied den 911 T von den teureren Brüdern. Über fünf Instrumente hatten allerdings auch schon die letzten Exemplare des 912 verfügen dürfen.*

*Oben: „Sealed Beam"-Scheinwerfer für den US-Markt – wie hier bei diesem 911 T – gehörten noch lange zu den Selbstverständlichkeiten im Automobilgeschäft.*

*Links: Die „Fuchs"-Felgen des 911 S konnten natürlich auch auf Wunsch für die preiswerteren Modelle geordert werden.*

912 blieb er mit 19.970 Mark knapp unter der 20.000-Mark-Schallgrenze. Die hatte der jetzt zum 911 L umgetaufte Ur-911 mit 130 PS längst hinter sich gelassen: 24.695 Mark standen im Sommer 1967 in den Preislisten.

Das Modelljahr 1968 brachte aber nicht nur den Zuwachs durch den 911 T. Alle 911-Varianten wurden entscheidend aufgewertet. Als wichtigste Neuerung galten das Zweikreis-Bremssystem, breitere Felgen, größere Außenspiegel, eine Verbundglasscheibe mit höherer Festigkeit, versenkte äußere Türknöpfe und Gurt-Befestigungspunkte im Fond. Die meisten dieser Neuerungen gingen auf den sicherheitsbewussten US-Markt zurück, wurden aber von 911-Fahrern in aller Welt freudig begrüßt. Eine weitere Neuheit des Modelljahrgangs entsprang ebenfalls einer Forderung des größten Auslandsmarktes für Porsche, spaltete aber die Fan-Gemeinde und führte zu erhitzten Diskussionen: Eine Automatik für einen Porsche hatte man sich bis dato überhaupt nicht vorstellen können.

## Sportlich ohne Kuppeln: Die Sportomatic

„Marktuntersuchungen haben ergeben, dass in den USA eine Käufergeneration heranwächst, die nicht mehr gelernt hat, mit einem Kupplungspedal umzugehen", berichteten die Porsche-Verantwortlichen anlässlich der Präsentation des ersten Porsche mit einem Automatikgetriebe im Sommer 1967. Um für diese Klientel den Zugang zum Porschefahren zu erhalten, habe man eine Automatik entwickelt, die Komfort und Sportlichkeit perfekt vereine. Tatsächlich war die Sportomatic anderen Automatikgetrieben jener Zeit weit voraus.

Sportwagenfans in Europa empfanden eine Automatik freilich als Verrat an der Idee des Sportwagens. Automatikgetriebe galten als „weibisch" und standen in dem Ruf, mit ihren Drehmomentwandlern jegliche Motorkraft aufzuzehren und somit nur eine gemächliche Fortbewegung zu ermöglichen. Jene Mittelklassefahrzeuge von Opel, DKW, VW und Borgward, die auf Wunsch mit halbautomatischen Getrieben ohne Drehmomentwandler ausgerüstet werden konnten, richteten sich dagegen nicht zuletzt an die in Europa in jener Zeit noch zahlreich an-

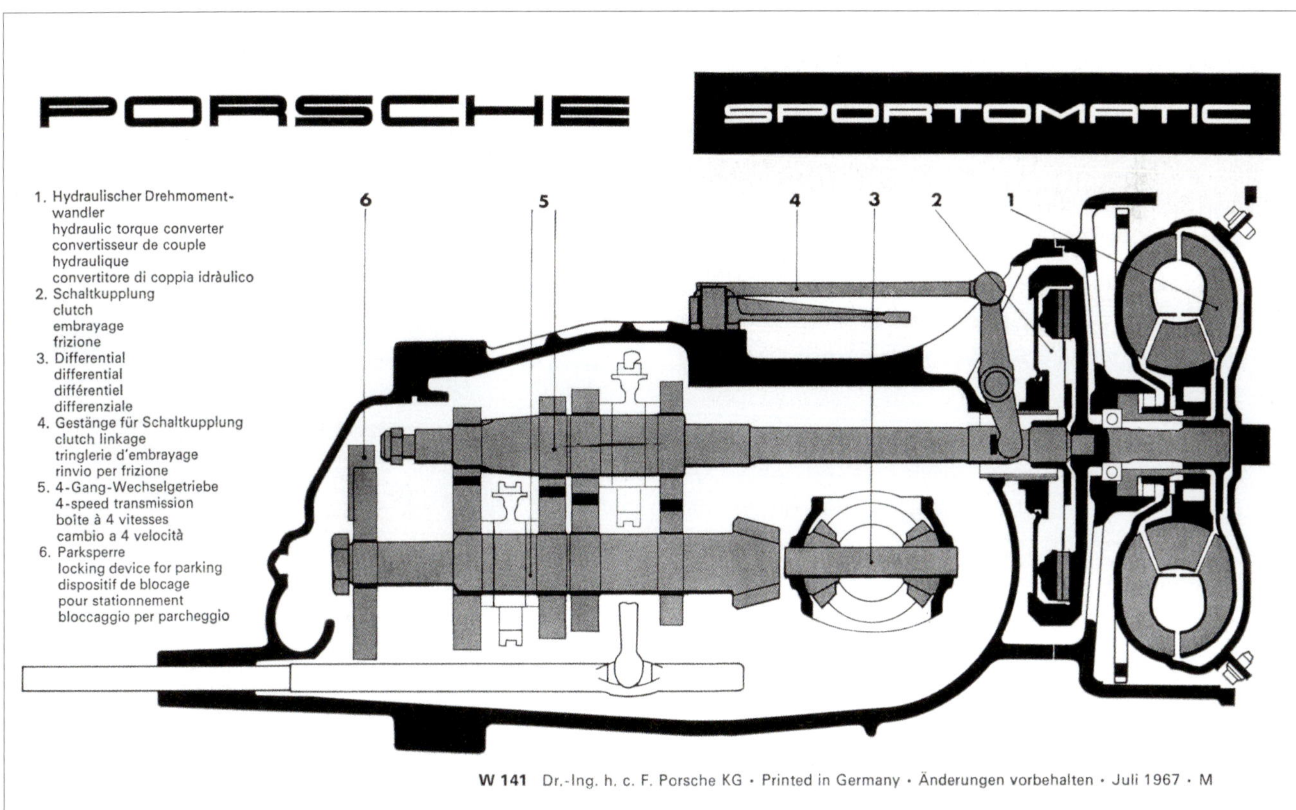


*Um komfortables Einparken zu ermöglichen verfügte die Sportomatic – anders als andere automatisierte Schaltgetriebe – über einen hydraulischen Drehmomentwandler.*

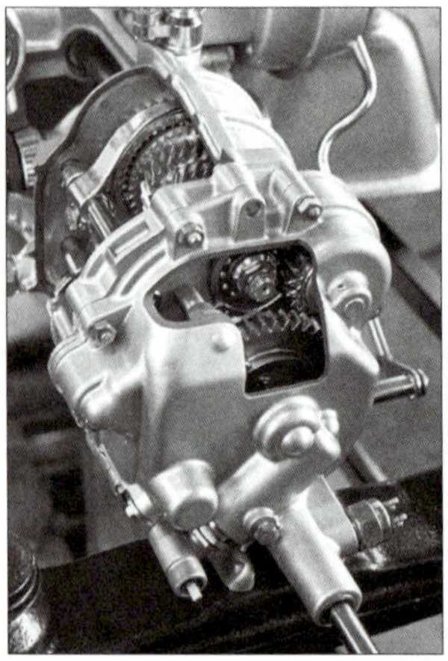

***Entwicklungspartner und Lieferant der Sportomatic war die Firma Fichtel & Sachs aus Schweinfurt.***

zutreffenden Kriegsversehrten. Auch keine Zielgruppe, mit der sich junge, dynamische Sportwagenkunden identifizieren wollten. Pikant bei der Sportomatic war, dass sie technisch starke Ähnlichkeit mit jener als „Saxomat" bekannten Halbautomatik hatte.

Entwickelt worden war die Sportomatic denn auch nicht von Porsche alleine, sondern in Kooperation mit dem „Saxomat"-Lieferanten Fichtel & Sachs aus Schweinfurt. Die Grundidee war, den Fahrer von der Kupplungsarbeit zu befreien, dem Motor aber seine vom Schaltgetriebe bekannte Dynamik weitestgehend zu erhalten. Konventionelle Automatikgetriebe schieden daher aus. Stattdessen verfügte der mit einem reichlich unkonventionellen Schaltschema versehene Mittelschalthebel über einen Sensor, der beim Berühren automatisch per Unterdruck den Auskuppelvorgang einleitete. Der Schaltvorgang musste nun manuell vom Sportomatic-Piloten getätigt werden, der die Gänge im nahezu unveränderten Viergang-Getriebe sortierte. Beim Loslassen des Schalthebels wurde wieder automatisch eingekuppelt – je mehr Gas dabei gegeben wurde, desto schneller, um ein unbeabsichtigtes Hochdrehen des Motors zu verhindern. Bei geschlossener Kupplung stand so das gleiche Kraftpotenzial zur Verfügung wie bei den konventionell geschalteten Varianten. Einzige Beschränkung war die Limitierung auf vier Fahrstufen (L, D, D3, D4), die zu etwas schlechteren Fahrleistungen als mit den Fünfgang-Varianten führte.

Der entscheidende Unterschied zum Saxomat war die zusätzliche Ausrüstung mit einem Drehmomentwandler. Der kam allerdings nur im Leerlauf und beim Anfahren zum Einsatz – um einem übermäßigen Kupplungsverschleiß vorzubeugen und komfortables Rangieren – etwa beim Einparken – zu ermöglichen, was bei den Saxomat-Fahrzeugen stets eine Achillesferse gewesen war. Wer auf größtmöglichen Antriebskomfort Wert legte, konnte bedenkenlos in Stellung D4 anfahren und musste sich überhaupt nicht mehr ums Schalten kümmern. Jegliche Kraft des Sechszylinder-Boxers verpuffte dabei jedoch bis zu einer Drehzahl von etwa 3500/min (was ungefähr 110 km/h entsprach) im Drehmomentwandler und solchermaßen schaltfaule Sportomatic-Fahrer mussten sich mit dem Beschleunigungsniveau eines VW Käfer zufrieden geben. Als ideal für den Stadtverkehr kristallisierte sich die Stellung „D" heraus, während auf schnellen Landstraßenstrecken weiterhin munter hin- und hergeschaltet wurde. Für 990 Mark war die Sportomatic für alle 911-Varianten und den 912 lieferbar.

***Die Kupplung wurde über einen Bewegungssensor aktiviert, der im Schaltknauf saß.***

Der Erfolg gab den Modellplanern Recht: Zeitweise entschieden sich mehr als ein Viertel aller 911-Käufer in den USA für die Variante ohne Kupplung. Und sogar sportlichen Lorbeer erntete die Sportomatic: Vom 22. bis zum 26. August 1967 fand auf dem Nürburgring das 84-Stunden-Rennen „Marathon de la Route" statt. Hans Herrmann, Jochen Neerpasch und Vic Elford siegten nach 350 Runden auf einem Porsche 911 R Sportomatic mit einer Durchschnittsgeschwindigkeit von 117,8 km/h.

## Moderne Zeiten: 911 mit Benzineinspritzung

Das breit aufgestellte Modellprogramm hatte 1968 zum erfolgreichsten Jahr der Porsche-Geschichte werden lassen. Mitten in der Rezession, die Massenhersteller wie VW, Opel oder Ford in die Kurzarbeit trieb, wurden die Lieferzeiten für die Sportwagen

***Moderne Zeiten: Das Modelljahr 1969 brachte für 911 S und 911 E erstmals eine mechanische Benzineinspritzung von Bosch.***

aus Zuffenhausen, die zu 75 Prozent in den Export gingen, immer länger. Und abermals war es der US-amerikanische Markt, der maßgeblich für neue Impulse im Verkaufsprogramm sorgte. Die seit 1967 gültigen neuen Abgas-Gesetze stellten viele Autohersteller vor große Probleme. Vor allem die kalifornischen Schadstofflimits waren mit konventionellen Vergaser-Motoren kaum noch erreichbar.

So musste man in Zuffenhausen, kaum dass man die Probleme mit den Solex-Vergasern durch den Wechsel auf die Dreifach-Batterie mit Weber-Vergasern in den Griff bekommen hatte, schon wieder eine Neuentwicklung initiieren – die Benzineinspritzung. Von der befürchteten jedoch viele, dass der legendäre Biss der 911-Motoren verloren gehen würde. Bewusst entschieden sich die Techniker gegen eine elektronische Benzineinspritzung, weil man Probleme in deren Verwendung mit den hochdrehenden Sechszylindern befürchtete. Die mechanische Lösung jener Zeit versprach zudem eine bessere Dosierung des Kraftstoff-Luft-Verhältnisses.

Im Sommer 1968 wurden schließlich die Ergebnisse der Zusammenarbeit mit Bosch präsentiert. Während 912 und 911 T ihre Vergaser behielten, wurde aus dem 911 L der 911 E (mit „E" wie Einspritzung), während der 911 S seine Bezeichnung behielt. Nominell waren die Einspritzer-Typen 10 PS stärker geworden. Für den 911 E standen 140 PS und für den 911 S 170 PS zu Buche. In den Fahrleistungen wirkte sich dies jedoch kaum aus. Lediglich die Fahrbarkeit im unteren Drehzahlbereich zeigte sich durch die neue Gemischaufbereitung deutlich verbessert.

Die Einspritzung war aber nicht die einzige Neuheit im Jahrgang 1969: Im fünften Jahr seiner Produktion war der Radstand um 57 Millimeter gewachsen. Damit sollten endlich alle noch existierenden Probleme beim Geradeauslauf beseitigt werden. Weil es gleichzeitig gelungen war, das Motorgewicht zu reduzieren, ergab sich eine geringfügig bessere Gewichtsverteilung von 42:58. Größere Radausschnitte und leicht herausgezogene Kotflügel ermöglichten zudem die Verwendung größerer Reifendimensionen – auf der Wunschliste ambitionierter Sportfahrer hatte dies ganz oben gestanden. 911 E und 911 S standen fortan auf 185x15-Reifen. 912 und 911 T mussten sich mit 165x15 zufrieden geben.

***Ein US-Targa auf einem Rollenprüfstand in Zuffenhausen.***

***Der Radstand der '69er-Modelle war um 57 Millimeter gewachsen.***

Dass Komfortattribute wichtiger wurden, belegt die Tatsache, dass ab 1969 erstmals elektrische Fensterheber in der Aufpreisliste zu finden waren. Die Webasto-Zusatzheizung war dagegen entfallen. Der unbefriedigenden Heiz- und Lüftungswirkung, die von Anfang an in der Kritik gestanden hatte, begegnete man jetzt mit einer komplett neu konstruierten Heizungs- und Lüftungsanlage inklusive dreistufigem Frischluftgebläse. Damit könne, wie die Porsche-Presseabteilung stolz verkündete: „Warm- mit Frischluft beliebig gemischt werden." Und weiter: „Selbst bei einem Gewitterguss im Sommer verhindert das

Dreistufengebläse bei geschlossenen Fenstern ein Beschlagen der Scheiben."

Für die Porsche 911 des Jahrgangs 1969 gab es noch eine Reihe weiterer Änderungen: H4-Scheinwerfer erleuchteten neuerdings nächtliche Straßen, eine zweite Batterie mit 36 Ah sorgte für zusätzlichen Strom, der von einer größeren Lichtmaschine erzeugt wurde. Größer dimensioniert waren auch die Bremsscheiben. Eine Warnblinkanlage gab es serienmäßig, ebenso wie ein kleineres Lenkrad mit neuer Huptaste und geänderte Türverkleidungen mit vergrößerter Kartentasche. Äußerlich war die neue Generation an den Heckleuchten zu erkennen, deren rote Reflektoren jetzt in die Stoßstange eingelassen waren.

***Die in die Stoßstange integrierten Rückstrahler gehörten ebenfalls zu den Neuheiten des Jahrgangs***

Eine Besonderheit kennzeichnete den 911 E der Baureihe „B", wie die 911-Generation ab 1969 intern aufgrund der zahlreichen Änderungen genannt wurde: An der Vorderachse kamen statt der bisher verwendeten Drehstäbe hydropneumatische Federbeine zum Einsatz. Damit sollte die komfortbetonte Auslegung des 911 E unterstrichen werden. Im 911 S blieb es dagegen bei den Drehstäben – hier konnten komfortbewusste Kunden nur auf Wunsch zu den Federbeinen greifen. Als Spitzenmodell zeigte sich der 911 S jedoch stilprägend: Viele 911 E-Kunden orientierten sich an der Lösung des Top-Modells und ließen ihren Porsche weiterhin mit Drehstäben ausrüsten. Die logische Konsequenz: Im Sommer 1971 wurden die hydropneumatischen Stoßdämpfer in die Aufpreisliste verbannt.

Die Änderungen ließen sich die Kaufleute in Zuffenhausen einiges kosten. Der Grundpreis für den 911 S lag im Sommer 1968 bei 26.918 Mark. Dem Erfolg tat die Erhöhung um beinahe zehn Prozent dabei keinen Abbruch.

## Erstmals mit mehr Hubraum: Die 2,2-Liter-Modelle

Der Jahrgang 1969 konnte als erfolgreichster in der fünfjährigen Geschichte des Porsche 911 abschließen. Mehr als 10.000 Fahrzeuge hatten die Montagehallen in Zuffenhausen verlassen und den Weg zu ungeduldig wartenden Kunden in aller Welt gefunden. Nach fünf Jahren Modell-Laufzeit ist in der Automobilindustrie häufig die Zeit für einen Wechsel gekommen. Den Verantwortlichen rund um Ferry Porsche war aber längst klar geworden, dass ihr 1963 vorgestellter Sportwagen sich zu einer Ikone entwickelte, die man maßvoll verbessern, aber keinesfalls ersetzen sollte. Für das sechste Jahr stand daher eine entscheidende Aufwertung an, die den Charakter des 911 schärfen, aber keineswegs verändern sollte.

In diesem Zusammenhang erschien auch der Entfall des 912 als zwangsläufig. Vom Vierzylinder wollte man sich nun endgültig lösen und die Karosserie des 911 ausschließlich mit standesgemäßen Sechszylinder-Motorisierungen ausrüsten. Der gemeinsam mit Volkswagen entwickelte 914, der in den USA ausschließlich als Porsche 914 verkauft wurde und dort auf Anhieb erfolgreich war, erleichterte diese Entscheidung.

***Die Leistung der Einspritzmotoren war um 10 PS gestiegen – auf 170 PS beim 911 S***

***Zum Modelljahr 1970 gab es erstmals mehr Hubraum: Als C-Modell hatte der 911 2,2 Liter Hubraum und leistete als 911 S 180 PS.***

***Der Targa war nur noch mit feststehender Heckscheibe lieferbar.***

Der luftgekühlte Sechszylinder-Boxer aber erfuhr im Sommer 1969 seine erste entscheidende Veränderung. Der bis dahin unveränderte Hubraum wuchs – in allen Varianten – von 1991 auf 2195 cm³. Ein zusätzliches Typenschild mit der Aufschrift „2,2" kündete von dieser Änderung. Das damit verbundene Leistungsplus war erheblich: Der nun mit Zenith-Vergasern statt solchen der Marke Weber ausgerüstete 911 T leistete 125 PS, der 911 E bot 155 PS und der 911 S als Spitzenmodell kam gar auf 180 PS. Dabei bot das durch eine größere Bohrung von 84 statt 80 Millimetern erzielte Hubraumplus nicht nur mehr Spitzenleistung, sondern auch deutlich besseren Durchzug. So wuchs das Drehmoment beim 911 E von 175 Nm bei 4500/min auf 191 Nm bei der gleichen Drehzahl. Die Vorteile wurden nicht einmal durch einen höheren Verbrauch erkauft, der bei allen Versionen praktisch gleich blieb. Von sonstigen Modifikationen blieb das Triebwerk unberührt – lediglich die Kupplung wurde den größeren Anforderungen angepasst und auf 225 Millimeter vergrößert.

Der nun C-Serie genannte Jahrgang stellte abermals einen neuen Produktionsrekord auf. 1970 wurden pro Tag 73 Porsche 911 gebaut, und das Geschäftsjahr wurde mit einem Umsatz von 420 Millionen Mark abgeschlossen. Fürs Modelljahr 1971 muteten die Porsche-Planer ihren Kunden keine weiteren Neuigkeiten zu – mit den letzten Aufwertungen hatte man Käufern des Jahrgangs 1968 schließlich schon nach einem Jahr das Gefühl vermittelt, ein „altes" Auto gekauft zu haben. Ein Gefühl freilich, das man mit dem abermaligen Erwerb eines neuen Porsche 911 schnell beseitigen konnte. So wusste das Porsche-Kundenmagazin „Christophorus" von einem Hannoveraner Rechtsanwalt zu berichten, der im Januar 1969 bereits seinen 16. Porsche übernommen hatte.

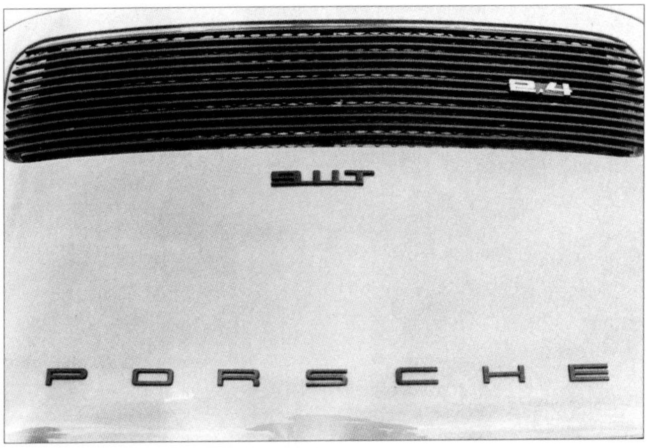


***Die US-amerikanischen Abgasgesetze und Sprit mit niedriger Oktanzahl zwangen zu niedrigeren Verdichtungen. Um das Leistungsniveau zu halten, wurde der Hubraum abermals erhöht – auf 2,4 Liter.***

***Erstmals in seiner Bauzeit hatte der 911 mehr als 2 Liter Hubraum – was manche Besitzer durchaus kundtun wollten.***

Änderungen bezogen sich auf Modifikationen der Gemischaufbereitung, um die immer strenger werdenden US-Abgasgesetze einzuhalten. Das war zwar nicht relevant für die technischen Daten, wirkte sich aber – nach Meinung vieler Puristen – auf das Porsche-Feeling aus. So merkte der erste Tester der 2,2-Generation in *auto motor und sport* an: „Wenn sich alte Porsche-Fahrer zu erinnern glauben, dass die Sechszylinder der ersten Gene-

*Im Zeitalter vor der Verbreitung der Klimaanlage waren hintere Ausstellfenster für das angenehme Raumklima unverzichtbar.*

*Eine Schippe mehr: Die 2,4 Liter-Motoren kamen im Sommer 1971. In Europa leistete der 911 S so 190 PS und war schnellstes Fahrzeug deutscher Produktion.*

ration einen schärferen Biss hatten als die heutigen, dann trügt sie ihre Erinnerung jedenfalls nicht." Dem 911 freilich Verweichlichung zuzuschreiben, wie dies einige gusseiserne Fans taten, war Ende der Sechziger ziemlich absurd. Auch wenn man dem 911 inzwischen die gröbsten Macken ausgetrieben hatte, blieb er eine Fahrmaschine für Könner, die im sportlichen Einsatz ihrem Fahrer alles abverlangte – dann aber auch großzügig Geschwindigkeit und Fahrspaß zu geben wusste.

## Noch mehr Hubraum: Die 2,4-Liter-Generation

Der Sommer 1971 brachte eine erneute Aufstockung des Hubraums für alle 911-Modelle. Entscheidend war das in den USA geplante Verbot von hochoktanigem Superbenzin. Der hohe Bleianteil veranlasste die US-Behörden zu diesem Schritt. Die Sechszylinder-Boxer mit ihren hohen Verdichtungsverhältnissen waren jedoch auf Benzin mit hoher Oktanzahl angewiesen. Eine Reduzierung der Verdichtung ohne weitere Maßnahmen hätte deutliche Leistungseinbußen mit sich gebracht. Eine Erhöhung auf 2,4 Liter erschien da als plausibler Schritt, die niedrigeren Verdichtungsverhältnisse im Modelljahr 1972 zu kompensieren. So leistete der 911 T 2,4 mit einer Verdichtung von 7,5:1 (statt 8,6:1) sogar 130 statt 125 PS wie bisher.

*Gut gedacht – aber in der Praxis durchgefallen. Der Öleinfüllstutzen unter dem hinteren Seitenfenster wurde nur allzu oft mit dem für Benzin verwechselt und verschwand schnell wieder*

Die US-Abgasbestimmungen erfüllte die Vergaser-Version allerdings nicht und so musste für den amerikanischen Markt auch der 911 T mit einer Bosch-Saugrohreinspritzung ausgerüstet werden. Das Basismodell für den amerikanischen Markt kam damit auf 10 PS mehr als die europäische Variante. Der 911 E leistete einheitlich 165 statt 155 PS und der 911 S erreichte 190 PS statt

*Mit 130 PS bildete der 911 T 2,4 den Einstieg in die 911-Welt. In Europa behielt er die Vergaser – in den USA erfolgte die Gemischaufbereitung per Einspritzung.*

*Mit Stahlfelgen und verchromten Radkappen lieferte Porsche den 911 in der Basis-Ausstattung bis weit in die Siebziger aus.*

*Armaturenbrett-Varianten: Einfaches Kunstleder im 911 T, ...*

*... Holz im 911 E ...*

*... und sportlich-gelochtes Kunstleder im Top-Modell 911 S.*

*Der Targa hatte sein Dachkonzept auch an den 914 – im Hintergrund – vererbt, der vor allem in den USA enorm erfolgreich war.*

der bisherigen 180 PS. Mit 230 km/h Höchstgeschwindigkeit beanspruchte der 911 S damit weiterhin den Titel des schnellsten Serienautos deutscher Produktion. Durchzugsvermögen und Fahrbarkeit aller Varianten hatten sich durch die Hubraum-Aufstockung erneut verbessert. Das Drehmoment des 911 E lag nun bei 206 Nm und damit abermals 15 Nm höher als beim Vorgänger. Alle 911 kamen jetzt mit dem auch in Europa günstigeren Normalbenzin aus, wenngleich sich die Verbrauchswerte leicht erhöht hatten.

Nicht nur der Hubraum – auch die Preise hatten sich mit Einführung der „E-Modelle" erneut erhöht. Mit 30.680 Mark kletterte der Preis für den 911 S erstmals über die 30.000-Mark-Schwelle. 22.980 Mark musste übrig haben, wer sich mit einem 911 T den Eintritt in

*Oben: Ein 911 E in seinem Element: Kurvige Landstraßen sind seit jeher die schönste Art, einen Porsche 911 zu erfahren*

*Oben: Impressionen aus der Kundendienstwerkstatt in Zuffenhausen*

*Oben links: Die hinteren Notsitze ließen sich auch beim Targa umklappen und so für Gepäcktransport nutzen.*

*Unten links: Die Sportausstattung gab' s auf Wunsch mit Schalensitzen und leichteren Türtafeln.*

LB-MM 714

*Das erste aerodynamische Hilfsmittel an einem Porsche: Der 911 S bekam im Modelljahr 1972 einen Frontspoiler verpasst, der für reduzierten Auftrieb an der Vorderachse sorgen sollte.*

die exklusive Welt der Zuffenhausener Heckmotor-Sportwagen verschaffen wollte. Der 911 E schlug mit 25.980 Mark zu Buche. Dabei war ab Sommer 1971 nicht einmal mehr das Fünfganggetriebe serienmäßig. Selbst im 911 S wurde serienmäßig ein Viergangetriebe verbaut. Lakonische Begründung aus Zuffenhausen war, dass die größere Elastizität aufgrund des größeren Hubraums die fünfte Gangstufe überflüssig gemacht habe. Gegen einen Aufpreis von 470 Mark sei man natürlich in der Lage, auf besonderen Wunsch – den hatten nahezu alle 911-Kunden – weiterhin ein Fünfganggetriebe zu liefern. Dafür hatte man beim Fünfganggetriebe das Schaltschema geändert und den fünften Gang nun rechts oben neben dem dritten installiert. Vor allem aus dem Rallyesport war die Anforderung gekommen, ersten und zweiten Gang auf einer Schaltebene zu platzieren, um schnellere Gangwechsel zu ermöglichen.

Wer automatisch schalten wollte, konnte dies ab sofort auch wieder im 911 S tun: Die flachere Drehmomentkurve harmonierte besser mit der Sportomatic als die spitze Leistungscharakteristik des Vorgängers. Dies war aber nicht die einzige Änderung, die den 911 S betraf: Als erster Porsche überhaupt profitierte er von den Segnungen der Aerodynamik. Im Motorsport hatten aerodynamische Hilfsmittel – auch bei den Porsche-Rennsport-Modellen 908 und 917 – seit Ende der Sechziger Einzug gehalten. Im Sommer 1971 bekam auch der 911 S seinen ersten Frontspoiler verpasst. Das Ergebnis „intensiver aerodynamischer Forschung" war, dass „die Luft nicht mehr unter den Wagen tauchen und dort die ohnehin kaum beschwerte Vorderachse entlasten könne", betonte die Porsche-Presseabteilung. Damit unterschied sich der 911 S optisch von seinen schwächeren Brüdern – zumindest, solange deren Kunden den Spoiler nicht auch als aufpreispflichtiges Extra für ihren 911 T oder 911 E orderten.

Mit den Modellen des Jahrgangs 1972 und neuerlichen Produktionsrekorden sollte die Ära der klassischen Ur-Modelle zu Ende gehen. Ebenso die Ära der „Dr. Ing. h.c. F. Porsche Ges. mbH" als familiengeführtes Unternehmen. Große Veränderungen kündigten sich an, und in den Siebzigern sollte der 911 sein schwierigstes Jahrzehnt erleben.

*Autofreier Sonntag? Auch 1973 waren die deutschen Autobahnen keineswegs immer so leer.*

PORSCHE
GP K 9

# 1973-1988

# RS und G-Modell: Die Achterbahn der 70er und 80er – G-Modell bis Carrera 3,2

## Die Achterbahn der Siebziger

Die Frage, ob der Porsche 911 den grandiosen Erfolg des 356 würde fortsetzen können, war längst beantwortet. 1969 wurde erstmals die 10.000er-Marke übertroffen, im Modelljahr 1973 sollten sogar erstmals mehr als 15.000 Porsche 911 von den Bändern rollen. Bis dahin war das Erfolgsrezept des 911 das Gleiche wie das des 356 gewesen: ständige Modellpflege – aber vor allem immer wieder mehr Hubraum und mehr Leistung.

1972 hatte Porsche eine neue Organisationsform erhalten. Ferry Porsche, inzwischen 73 Jahre alt, hatte seine Nachfolge regeln wollen, aber niemanden aus der nachfolgenden Generation für fähig befunden, die Geschicke der Sportwagenfirma alleine zu leiten – weder seinen Neffen Ferdinand Piëch noch Sohn Ferdinand Alexander. Die Umstrukturierung der Kommandit- in eine Aktiengesellschaft war die logische Konsequenz. Alle Familienmitglieder waren mit Beginn des Jahres 1972 aus der Firmenleitung ausgeschieden, und ab dem 1. März 1972 firmierte

*Für Sammler heute ein Traum: Carrera RS mit roter Seitenbeschriftung und roten Fuchs-Felgen*

Porsche unter „Dr. Ing. h.c. F. Porsche AG". Die Familie stand zwar dem Aufsichtsrat vor, das operative Geschäft wurde jedoch von einem Vorstand unter Leitung von Dr. Ernst Fuhrmann geleitet.

Der Rückzug Ferry Porsches hatte gravierende Folgen. In seinen Memoiren schrieb er später: „Als dann im Jahre 1972 alle Familienmitglieder aus dem Unternehmen ausgeschieden waren, griffen die Entscheidungen, die vom neuen Management getroffen wurden, so weit in die ganze Philosophie des Hauses ein, dass sich diese grundlegend änderte. Das Programm, das uns das neue Management vorlegte, basierte auf dem Transaxle-Prinzip, bei dem der Motor vorne liegt und das Getriebe mit der hinten liegenden Antriebsachse kombiniert ist. Für mich war dieses Prinzip nicht neu, denn mein Vater hatte dieses Konzept bereits angewendet, als er während seiner Zeit bei Daimler einen Rennwagen entwarf, der später zum erfolgreichen W 25 führte. Bei Porsche bedeutete es jedoch eine Abkehr vom bisher praktizierten Prinzip. Es war nicht mehr meine eigene Handschrift."

Bevor sich diese Veränderungen auswirken würden, sollte jedoch noch Zeit vergehen. Die Dauer von Entwicklungsprozessen macht kurzfristige Veränderungen in der Automobilindustrie nahezu unmöglich. Und so beschäftigte sich das neue Porsche-Management zunächst mit der Umsetzung von Entscheidungen, die noch seine Vorgänger getroffen hatten. Eine davon war, dem 911-Modellprogramm eine neue Krone aufzusetzen.

## Dem Elfer wachsen Flügel

Mit dem Porsche Carrera RS setzten die Zuffenhausener neue Superlative, die Fans in aller Welt elektrisierten. Sie kreierten einen automobilen Traum, der für viele bis heute als die Umsetzung der 911-Philosophie in ihrer reinsten Form gilt. Das Licht der Welt erblickte der Porsche 911 Carrera RS am 5. Oktober 1972 auf dem Pariser Salon. Auf 2,7 Liter Hubraum war der Sechszylinder-Boxer nochmals aufgebohrt worden. 210 PS bei 6300/min betrug nun die Leistungsausbeute – womit der Carrera RS sogar 300 Umdrehungen weniger als der 911 S benö-

***Paukenschlag im Oktober 1972: Der Elfer bekommt ein neues Top-Modell – den Carrera RS.***

***Der „Entenbürzel" sollte den Auftrieb an der Hinterachse verringern und für mehr Fahrstabilität sorgen.***

***Als Referenz wurde das identische Auto mit anderer Motorhaube herangezogen.***

***Tatsächlich machten die aerodynamischen Hilfsmittel den 911 Carrera RS auch 4,5 km/h schneller: 245 km/ waren das Endergebnis.***

***Aus 2,7 Litern Hubraum zauberten die Motorentechniker 210 PS.***

tigte, um seine Spitzenleistung zu erreichen. 245 km/h Höchstgeschwindigkeit und eine Beschleunigung von 0 auf 100 km/h in 5,8 Sekunden standen auf dem Papier. Dabei war der Carrera RS mit 35.500 Mark nur etwa 5000 Mark teurer als ein 911 S – und schlug damit exakt die Brücke zwischen den für viele Sportfahrer gerade noch erreichbaren 911-Modellen und absoluten Hochleistungs-Exoten vom Schlage eines Ferrari oder Lamborghini. Vielleicht wäre seine legendäre Bedeutung heute nur halb so groß, wenn zwei Erkennungsmerkmale ihn nicht von seinen schwächeren Brüdern unterschieden hätten: Der auffällige Carrera-Schriftzug an den Türen sowie – vor allem – der Spoiler (bald „Entenbürzel" genannt), der die Motorhaube des Sportwagens zierte.

Die Bezeichnung „Carrera" war eine Reminiszenz an den 356 Carrera, der in den Fünfzigern das Spitzenmodell der Sportwagenschmiede gewesen war und mit dem extrem aufwändigen und leistungsstarken „Fuhrmann"-Motor aus dem Porsche 550 Spyder erstmals die 200 km/h-Schallgrenze durchbrochen hatte. Nach mehr als zehn Jahren durfte ein Modell aus Zuffenhausen wieder diesen legendären Namen tragen.

Zielsetzung des Carrera RS war, eine noch leistungsfähigere Variante für die GT-Rennen zu schaffen, um dort den Nimbus der annähernden Unbesiegbarkeit der Porsche-Modelle abzusichern. Dabei war statt des Bürzels ursprünglich geplant, die Homologationsserie von 500 Fahrzeugen mit einem serienmäßigen Haubenaufsteller zu versehen. Von dieser einfachen Lösung hatte man sich aerodynamische Vorteile, verbesserten Geradeauslauf und eine um 5 km/h höhere Endgeschwindigkeit versprochen. Der Automobil-Dachverband FIA machte diesem Ansinnen jedoch einen Strich durch die Rechnung – womit den Zuffenhausenern keine andere Möglichkeit blieb, als die gewünschte Wirkung mit einem aerodynamischen Anbauteil zu erreichen.

***Spartanischer Innenraum der Homologations-Version, die nicht mal über einen Teppich oder eine richtige Türverkleidung verfügte – aber dafür nur 960 Kilogramm wog!***

Seine Auslegung für den Motorsport zeigte der Carrera RS in jedem Zentimeter. Anders als der 911 S war der Carrera RS keineswegs ein noch besser ausgestattetes Spitzenmodell – ganz im Gegenteil. Die Porsche-Techniker hatten alles weggelassen, was nicht unbedingt notwendig war und so das Gewicht auf schier unglaubliche 960 Kilogramm gedrückt – gegenüber dem gewiss nicht schweren 911 S eine Reduzierung um satte 150 Kilogramm. Dafür wichen die Veloursteppiche schnöden Gummimatten, auf Dämmmatten wurde ganz verzichtet und die Zeituhr war ebenso wie die hinteren Klappsitze und die Türverkleidungen mit den Kartentaschen entfallen. Sogar die Beleuchtung für das Handschuhfach war dem Gewichtsdiktat zum Opfer gefallen. Die Stoßstangen vorn und hinten waren aus

*Zwischenstopp am Albaufstieg auf der A8 Richtung München*

Kunststoff gefertigt, ebenso der Frontspoiler sowie der Deckel der Motorhaube mit dem legendären Entenbürzel. Dünneres Blech kam dort zum Einsatz, wo Steifigkeit nicht gefragt war – an der Dachhaut, an den Türen und am Kofferraumboden. Sogar die Seitenscheiben wurden mit dünnerem Spezialglas aus Belgien versehen.

*Der Dreiliter-Motor des RSR mit offenen Ansaugtrichtern stellte die bis dahin potenteste Form des Sechszylinder-Boxers dar.*

Wer mit so viel Purismus nichts anfangen konnte, aber den 2,7 Liter-Motor samt prestigeträchtigem Heckspoiler haben wollte, konnte auf Wunsch für 2500 Mark das komplette Ausstattungspaket des 911 S ordern. Mit dieser Wahlmöglichkeit hatten die Verkaufsstrategen ein glückliches Händchen bewiesen, denn statt der für die Homologation notwendigen Menge von 500 Fahrzeugen konnte nicht nur mehr als das Dreifache verkauft werden – tatsächlich entschieden sich von den rund 1580 RS-Käufern am Ende nur etwa 200 für die asketische Leichtbau-Version.

Wer noch mehr Leistung haben wollte, konnte ab 1973 sogar ein reinrassiges Motorsport-Gerät im 911-Outfit mit Straßenzulassung ordern. Der Carrera RSR mit 2,8 Litern Hubraum und 300 PS war als Gruppe 4-Rennwagen aufgebaut worden, nochmals gewichtserleichtert und mit 59.000 Mark weitere 24.000 Mark teurer als der „normale" Carrera RS. Fast alle der 49 verkauften Carrera RSR wurden denn auch auf der Rennstrecke eingesetzt und konnten glorreiche Siege erzielen: etwa bei der Targa Florio 1973 oder mit dem Gewinn der GT-Europameisterschaften 1973 und 1974.

*Als Gruppe 4-Rennwagen hatte der straßentaugliche Carrera RSR sogar 3 Liter Hubraum und 300 PS – war aber mit 59.000 Mark noch mal 24.000 Mark teurer als der Carrera RS.*

## 1973: Neues Outfit

Von der zweiten Hälfte der sechziger Jahre an entwickelten sich die US-amerikanischen Abgasbestimmungen immer mehr zum Treiber der Automobilindustrie. Technologien wie die elektronische Benzineinspritzung oder der Katalysator hätten sich ohne diese Vorgaben wohl nicht so schnell durchgesetzt. Gleichzeitig erließen die US-Behörden eine Reihe weiterer Vorschriften und Gesetze, mit denen die passive Unfallsicherheit der Fahrzeuge verbessert werden sollte – unter anderem eine Reaktion auf die Kampagne des US-Verbraucheranwalts Ralph Nader. Ab 1972 verlangten die neuen Regularien – mit gewissen Übergangsfristen – Stoßfänger, die in einer exakt definierten Höhe angebracht und mit einem Prallelement versehen sein mussten, das Unfälle bis zu einer Geschwindigkeit von 8 km/h ohne Schäden überstehen konnte.

*Die erste deutliche Veränderung nach zehn Jahren: Das G-Modell prägte im Herbst 1973 den 911-Look für die nächsten 15 Jahre.*

*Auf der IAA 1973 wurde die neue 911-Generation erstmals der Öffentlichkeit präsentiert.*

schichte fand zahlreiche Kritiker. Ihnen versuchte die Porsche-Presseabteilung den Wind aus den Segeln zu nehmen: „Die neuen Aluminium-Stoßstangen mit dem zieharmonikaartigen Faltenbalg vorn und hinten absorbieren nicht nur Aufprallenegrie, sie verändern auch die altbekannte 911-Linie positiv. Der Wagen wirkt noch gestreckter, noch eleganter und zugleich kräftig. Die Sportlichkeit der Fahrzeuge wird durch diese neue Sicherheitsstoßstange ebenso betont wie durch den Frontspoiler, der jetzt serienmäßig für alle Typen geliefert wird."

Vor allem für Sportwagen hatte das gravierende Folgen. Insbesondere bei flachen Roadstern britischer Provenienz mussten Stoßfänger nicht nur höher gesetzt werden als bisher, sondern außerdem deutlich voluminöser gestaltet werden – was zum Teil zu entstellenden Lösungen führte. Autohersteller, deren Absatzschwerpunkt Europa war, kreierten US-Lösungen, die sie ihren europäischen Kunden nicht zumuten wollten. Auf Jahrzehnte sollten sich die europäischen und amerikanischen Designlösungen von BMW, Volkswagen oder Mercedes deutlich unterscheiden.

Ein Kleinserienhersteller, der mehr als 50 Prozent seiner Produktion in die USA verkaufte, konnte sich diesen Aufwand jedoch nicht leisten. So präsentierte das Porsche-Werk im Herbst 1973 die neue, als „G-Modell" in die Geschichte eingehende Generation des 911, die nun den US-Sicherheitsbestimmungen entsprechen sollte, als einheitliche Lösung für alle Märkte. Die bisher gravierendste optische Veränderung in zehn Jahren Porsche 911-Ge-

*Die in den Stoßfänger integrierten Blinker waren in den frühen Siebzigern beliebt – und ließen auch den 911 frischer und moderner erscheinen.*

*Einen Aufprall mit einer Geschwindigkeit bis zu 8 km/h sollten die Stoßstangen ohne dauerhafte Verformung aushalten – Forderung der US-Sicherheitsbehörden.*

Die Änderungen des G-Modells reichten aber noch viel weiter. Im Innenraum fanden sich erstmals Sitze mit integrierten Kopfstützen, und Dreipunkt-Automatikgurte gehörten erstmals zur Serienausstattung. Auch das geänderte Lenkraddesign mit Pralltopf und umschäumtem Lenkradkranz war eine Antwort auf die nun geforderten Sicherheitsanforderungen. Neue Türverkleidungen rundeten das veränderte Interieur ab. Äußerlich unterschied sich das G-Modell nicht nur durch die Stoßfänger vom Vorgänger. Zwischen die Rückleuchten hatten die Designer geschickt eine rote Blende installiert, die den Porsche-Schriftzug trug und das Heck kraftvoller und sportlicher erscheinen ließ. Vorne waren die Blinker in den Stoßfänger integriert. Der für die Sechziger typische Chrom-Look war nahezu vollkommen verbannt: Mattschwarz oder in Wagenfarbe lackierte Applikationen dominierten nun das Erscheinungsbild. Man musste den 911-Designern ein großes Lob zollen: Der optische Sprung von den Sechzigern in die Siebziger war überraschend gut gelungen.

*Coupé und Targa blieben die beiden einzigen Karosserieformen für den 911.*

*Oben links: Sicherheitsüberlegungen war auch das Lenkrad mit großer Prallplatte geschuldet, während das Armaturenbrett ansonsten kaum verändert worden war – warum auch?*

*Oben: Die Sitze besaßen erstmals integrierte Kopfstützen – hier im beliebten Pepita-Look.*

*Links: Koffer im „Kofferraum" machen den 2+2 zum Zweisitzer.*

*Das 1973 erstmals gezeigte durchgehende Leuchtenband sollte zu einem beliebten Stilelement werden – bis heute.*

*An den Fuchs-Felgen hatte man auch für die optisch aufgefrischte, neue 911-Generation festgehalten.*

## Änderungen auch unterm Blech

Die Techniker hatten aber nicht nur die Optik des G-Modells angefasst. Die Änderungen unterm Blech waren fast noch gravierender. So wurden alle Motoren auf 2,7 Liter Hubraum umgestellt. Die Typenbezeichnungen T und E verschwanden – ab August gab es nur noch einen Porsche 911, einen Porsche 911 S und einen Porsche Carrera. Der 911 leistete 150 PS bei 5700/min, der 911 S bot 175 PS bei 5800/min, und der Carrera leistete unverändert 210 PS bei 6300/min. Die asketische Leichtversion des Carrera war jedoch mit dem G-Modell entfallen – stattdessen hatten die Modellstrategen dem Carrera nun sogar elektrische Fensterheber spendiert.

*Die Motoren verfügten nun alle über 2,7 Liter Hubraum und leisteten zwischen 150 und 210 PS.*

lich von 62 auf 80 Liter vergrößerten Tank ergaben sich Reichweiten von 500 Kilometern und mehr.

Auch die Preise hatten sich wieder nach oben bewegt. Mit 27.000 Mark stand nun der günstigste Porsche 911 in der Preisliste. Die obere Grenze markierte der Carrera mit 38.000 Mark. Mit nur 100 Fahrzeugen fristete ein neues Homologationsmodell ein Nischendasein: der Carrera RS mit 3,0 Liter-Motor und 230 PS.

## Erste Krisenzeichen

Mit dem Carrera RS und den Motorsporterfolgen des Carrera RSR hatte die Porsche 911-Geschichte einen vorläufigen Höhepunkt erreicht. Doch mit der Ölkrise im Herbst des Jahres 1973 – von der die Einführung der G-Modelle begleitet wurde – zogen erstmals dunkle Wolken auch über den seit mehr als 20 Jahren fast nur an Erfolge gewöhnten Sportwagenbauern auf. Hatte man das abgelaufene Jahr noch mit einem Rekord von mehr als 43.000 Fahrzeugen abschließen können – wozu der 1970 eingeführte VW-Porsche 914 einen entscheidenden Beitrag geleistet hatte – blieben für 1974 die Bestellungen aus, und die Verkaufsabteilung musste einen Rückgang um fast 40 Prozent melden. Besonders hatte es zwar den 914 getroffen, aber auch die renovierte 911-Baureihe hatte fast 30 Prozent gegenüber dem Vorjahr eingebüßt.

*Der Entenbürzel war auf Wunsch auch für die schwächer motorisierten Modelle bestellbar – aber obligatorisch war er beim nach wie vor als Spitzenmodell angebotenen Carrera RS.*

Anfang 1974 wurden von der Politik erstmals autofreie Sonntage verordnet. Ein bundesweites Tempolimit von 100 km/h auf Autobahnen stand zur Diskussion und hätte dem „Autobahn-Nim-

Innerhalb von vier Jahren hatte der Hubraum eines 911 S um satte 700 cm³ zugelegt. Die Leistung war dagegen – Normalbenzin und Schadstoffgesetzen geschuldet – nur um 5 PS gestiegen. Statt bei 6800/min erreichte der 911 S von 1974 seine Spitzenleistung schon bei 5800/min, und das maximale Drehmoment (179 Nm beim 911 S 2,0) lag nicht erst bei 5200/min an – der 911 S 2,7 bot bereits bei 4000/min satte 235 Nm. Die Charakteristik des Sechszylinder-Boxers hatte sich also gravierend verändert. Aus dem hochdrehenden Sportaggregat war ein bulliges Triebwerk geworden, das sich auch durch hervorragende Fahrbarkeit bei niedrigen Drehzahlen auszeichnete. Und – nicht ganz unwichtig angesichts steigender Benzinkosten – durch niedrigeren Verbrauch: 14 Liter auf 100 Kilometer gab Porsche als offiziellen Wert für den 911 S 2,7 bekannt. In Kombination mit dem end-

*Der Turbo-Look konnte auch für den Carrera RS geordert werden.*

*Die Siebziger waren vielleicht das bunteste Auto-Jahrzehnt. Auch Porsche-Kunden freuten sich über Grün, Gelb und Orange.*

bus", den Porsche auch in den USA hatte, möglicherweise heftigen Schaden zufügen können. In Zuffenhausen diskutierte man Szenarien eines kleineren 911-Nachfolgers. Und die Porsche-Werbung bemühte sich um „political correctness": „Nur fünf von 100 Porschekäufern sind Rennfahrer", hieß es in Anzeigen.

Den 25. Geburtstag des 356 im Mai 1974 nahm man zum Anlass, für alle 911-Varianten ein Sonderausstattungspaket zu offerieren, das sich durch die Außenfarbe Silbermetallic auszeichnete sowie durch eine Plakette im Innenraum mit Autogramm von Ferry Porsche, der laufenden Sondermodell-Nummer, dem Slogan „25 Jahre Fahren in seiner schönsten Form" sowie dem eingravierten Namen des Erstbesitzers. Weitere Preziosen des heute gesuchten Sondermodells waren Hochflorteppiche, die mattschwarze Austührung aller Chrom- und Eloxalteile sowie 6-Zoll-Druckguss-Sternfelgen. Fünfganggetriebe, Sportlenkrad, Scheinwerferwaschanlage und Blaupunkt-Stereo-Cassettenradio rundeten die Ausstattung ab.

Aber die Situation blieb schwierig: Mitte 1974 war der Mitarbeiterbestand um 17 Prozent nach unten gesackt. Nur noch 3386 Porsche-Werker arbeiteten in Zuffenhausen. Dabei ließ man keine Möglichkeit aus, sich den Herausforderungen der Zeit zu stellen. Mitte 1974 stellte Porsche einen 911 Sportomatic als Versuchsträger für kraftstoffsparende Technologien vor. Der Motor des äußerlich unveränderten 911 ging aus, sobald das Fahrzeug länger als drei Sekunden im Leerlauf stand. Ein langsames Treten des Gaspedals bewirkte über einen eingebauten Kontakt ein Betätigen des Anlassers, und der Sechszylinder-Boxer erwachte wieder zum Leben. Die Studie fand nicht den Weg in die Serie – erst gut 35 Jahre später konnten sich Start-Stopp-Systeme auf breiter Front durchsetzen.

Der Modelljahrgang 1975 brachte zunächst keine weitreichenden Änderungen. Lediglich der Heizung hatte man sich wieder einmal angenommen. Ein zusätzliches elektrisches Gebläse zwischen Motorkühlgebläse und Wärmetauschern sollte unabhängig von Geschwindigkeit und Drehzahl für eine konstante Heizluftmenge sorgen. Mit zwei Hebeln ließ sich die warme Luft nun für Fahrer und Beifahrer getrennnt je nach Temperaturempfinden dosieren. Die Klimatisierung profitierte von den hinteren Ausstellfenstern, die nun auch beim Basismodell serienmäßig waren. Und endlich nahm man auch vom Anachronismus der im Modelljahr 1974 immer noch für den Porsche 911 serienmäßigen Stahlfelgen mit verchromten Radkappen und Reifen im Format 165-15 Abschied und stellte auch den Basis-911 auf zeitgemäße Leichtmetallfelgen mit modernen 185/70er-Niederquerschnittsreifen.

*Porsche Carrera RS aus den frühen Siebzigern sind heute eine exzellente Wertanlage.*

Die Mutation zum gereiften GT-Sportwagen dokumentierten auch Sonderausstattungen, die erstmals erhältlich waren: der „Tempostat" war ein in Deutschland unbekanntes, dafür in Amerika umso populäreres Feature, das die Festeinstellung von Geschwindigkeiten zwischen 40 und 180 km/h ermöglichte. Erstmals konnte auch eine Klimaanlage für 2400 Mark geordert werden, die vor allem im heißen Kalifornien sehnlichst erwartet worden war.

So wurde der 911 up to date gehalten, während in den Weissacher Technik-Labors bereits an Lösungen für die neuen Transaxle-Modelle 924 und 928 gearbeitet wurde, deren Erlkönige auf den Straßen rund um Zuffenhausen bereits ihre Runden drehten. Offen wurde über eine mögliche Ablösung des 911 durch den 928 debattiert – aus Zuffenhausen gab es dazu jedoch vorerst keine Stellungnahme. Stattdessen bereitete man – für das große Finale – eine 911-Version vor, die alle bisherigen Leistungsvorstellungen pulverisieren sollte.

## Mehr Dampf: Der Turbo

Die Turbolader-Technologie, die den Abgasstrom nutzt, um mehr Frischluft in den Verbrennungsraum zu befördern und damit mehr Leistung zu erzielen, war seit Anfang des 20. Jahrhunderts bekannt. Alfa Romeo rüstete seine 24 HP-Modelle schon 1910 mit einem aufgeladenen Motor aus – bei Schiffsdieseln und Lokomotiven gehörte der Turbolader seit den dreißiger Jahren zum Stand der Technik. Ab den Fünfzigern fand man Turbomotoren auch in LKW von MAN oder Volvo. Serien-PKW mit aufgeladenen Ottomotoren kamen in größerer Zahl erstmals Anfang der sechziger Jahre in den USA in Mode. Ihren Eingang in den Motorsport fanden Turbo-Motoren Ende der Sechziger in europäischen Tourenwagen wie dem BMW 2002

*Der allererste Turbo hatte noch mit Schmalspur-Fahrwerk und ohne aerodynamische Hilfsmittel auskommen müssen. Er war ein Geburtstagsgeschenk für Louise Piëch.*

oder Alfa Romeo-Modellen. 1973 – zur Zeit der Energiekrise – präsentierte BMW mit dem 2002 Turbo den ersten europäischen PKW mit Turbomotor.

***Paris, Oktober 1974: Porsche präsentiert das erste Auto der Firmengeschichte mit aufgeladenem Motor – den Porsche Turbo.***

druckende Resultat: 850 PS aus 4,5 Litern Hubraum. Im Jahr darauf konnte die prestigeträchtige Rennserie mit einer auf mehr als 1000 PS erstarkten Version erstmals überlegen gewonnen werden. Es lag also, getreu der Porsche-Philosophie, Innovationen aus dem Motorsport in die Serie zu übertragen, nahe, diese Form der Leistungssteigerung auch bei einem Serienfahrzeug zu praktizieren – und damit endlich zu erreichen, was bisher nur im Ansatz mit dem Carrera RS gelungen war: endlich in einer Liga mit den absoluten Supersportwagen von Maserati, Ferrari oder DeTomaso spielen zu können.

Dabei sollte der fortan als „Porsche turbo" in die Geschichte eingehende Bolide ursprünglich nur in einer Kleinserie von 500 Fahrzeugen das technische Potenzial der Zuffenhausener demonstrieren. Am 2. Oktober 1974 um 15:00 Uhr lichtete sich der Vorhang vor den ungeduldig wartenden Journalisten auf dem Pariser Salon und öffnete den Blick auf das neueste Werk der Porsche-Ingenieurskunst. Als erstes fielen die weit ausgestellten

***Vor allem die Hinterachse hatte verbreitert werden müssen. Aber weniger, um das Turbo-Aggregat unterzubringen, sondern um dessen 260 PS auf die Straße zu bekommen. Der ausladene Flügel brachte Fahrstabilität.***

Auch bei Porsche hatte man zu dieser Zeit bereits Erfahrungen mit aufgeladenen Motoren gesammelt. Im Verlauf der Rennsaison 1971 war der Typ 917-10 für die amerikanische CanAm-Serie erstmals mit einem Turbolader ausgerüstet worden. Das beein-

Kotflügel für die gewaltig dimensionierten Hinterräder auf. Deren Anblick kannte man vom Gruppe 4-Modell RSR, aber dessen Entenbürzel war einem nahezu waagerecht angeordneten Heckflügel gewichen, der fortan Erkennungszeichen aller

***Die verbreiterten Radhäuser erzeugten Begehrlichkeiten – später gab es den „Turbo-Look" auch für die 911-Modelle mit Saugmotor.***

Turbo-Modelle – aber mindestens ebenso begehrtes Zubehörteil für alle anderen Versionen werden sollte.

Im Heck des Boliden kauerte der Dreiliter Sechszylinder-Boxer, den ein KKK 3 LDZ-Turbolader mit 0,8 bar Ladedruck zwangsbeatmete und so trotz einer Basis-Verdichtung von 6,5:1 auf 260 PS trieb. Das geschah bei extrem moderaten Drehzahlen: Schon bei 5500/min gab das Aggregat seine maximale Leistung ab. Dass hier eine völlig neue Leistungscharakteristik entstanden war, dokumentierten die Drehmomentwerte. War bisher bei 235 Nm für den luftgekühlten Sechser das Ende der Fahnenstange erreicht, packte der Turbo fast 100 Nm mehr drauf: 329 Nm standen bei 4000/min zur Verfügung und zerrten an den Hinterrädern. Wegen dieser schieren Kraft hatte man auf das Fünfganggetriebe verzichtet und dem Turbo sicherheitshalber ein neu entwickeltes Viergang-Räderwerk spendiert, dessen vierter Gang freilich deutlich länger ausgelegt war als der fünfte Gang im 911 S. So drehte der Porsche turbo im vierten Gang bei 160 km/h weniger als 4000/min – und wer dann das Gaspedal durchtrat, hatte in wenigen Sekunden die 200-km/h-Schwelle überschritten. Erst bei 250 km/h nahm der Vortrieb ein Ende.

***Mit 0,8 bar wurde das Benzin-Luft-Gemisch in die Brennräume des Dreiliter-Sechszylinders gepresst. Die Fahrleistungen des maximal nur 5500/min drehenden Aggregats erreichten vollkommen neue Dimensionen für Sportwagen aus Zuffenhausen.***

Der Turbo war ein echtes Hightech-Produkt: Die Turbine, die im Abgasstrom lag und ihrerseits das Schaufelrad für die Frischluft antrieb, drehte bis zu 90.000/min. Der Lader war relativ klein dimensioniert, um bereits bei niedrigen Drehzahlen anzusprechen und ein übermäßig tiefes Turbo-Loch – wie es der BMW 2002 gehabt hatte – zu vermeiden. Ein Wastegate ließ überschüssige Energie bei hohen Drehzahlen in den Auspuff strömen, wodurch eine relativ gleichmäßige Aufladung erreicht werden konnte. Erstmals in einem Serien-Porsche kam Boschs K-Jetronic mit elektronischer Einspritzregelung zum Einsatz – ebenso wie eine HKZ-Zündung, die nicht nur für ein exaktes Einhalten des Zündzeitpunktes sorgen, sondern darüber hinaus ein Verrußen der Kerzen im Stadtverkehr verhindern sollte. Auch die strengen US-Abgaswerte ließen sich mit dem geballten Elektronik-Einsatz einhalten.

Um mit der gestiegenen Leistung fertig zu werden, hatten die Techniker natürlich auch Fahrwerk und Bremsen modifiziert. Steifere, in Alu gegossene Hinterachslenker sowie geänderte Sturz- und Vorspurwerte der Vorderachse sollten Karosseriebewegungen und Lastwechselreaktionen verhindern. Bei der steiferen Radnabenlagerung hatte man sich am Renn-Porsche 917 orientiert. Gelochte, innenbelüftete Bremsscheiben an den Vorderachsen garantierten Verzögerungswerte, die der gestiegenen Leistung und dem um 100 Kilogramm gestiegenen Gewicht angepasst waren.

Anders als der Carrera RS zwei Jahre zuvor war der Turbo keinesfalls als puristisches Sportgerät positioniert. Stattdessen wurde der Komfort-Charakter des neuen Spitzenmodells betont – was sich auch in der Serienausstattung bemerkbar machte: Schlechtwetterpaket (zweistufig beheizbare Heckscheibe, Heckscheibenwischer, Scheinwerfer-Reinigungsanlage, Nebelscheinwerfer), elektrische Fensterheber, Ganzleder-Ausstattung, automatische Heizungsregulierung, hochfloriger Spezial-Velours und Stereo-Cassettenradio gehörten ebenso dazu wie Lederlenkrad und Ölstandsanzeige. Die Kombination unbedingter Alltagstauglichkeit mit extremen Fahrleistungen war vielleicht das Merkmal, das den Porsche Turbo am stärksten von

Anders als der Carrera RS präsentierte sich der Turbo nicht als spartanische Fahrmaschine, sondern als luxuriös-souveräner Über-Sportwagen.

Mit breiterer Spur und aerodynamischen Anbauteilen hatte sich der Charakter des 911 verändert. Der Turbo präsentierte sich deutlich maskuliner und bulliger.

seinen Konkurrenten unterschied. Den in jener Zeit typischen kapriziösen Charakter italienischer Supersportwagen hätten die schwäbischen Ingenieure niemals akzeptiert.

Die Porsche-Palette 1975: Mit dem 924 sollte das Ende der Heckmotor-Philosophie eingeläutet werden.

Freilich hatten die schwäbischen Kaufleute inzwischen auch genug Selbstbewusstsein, um dies auch im Preis zu dokumentieren. Mit 65.800 Mark lag der Porsche Turbo immerhin 17.000 Mark über dem Preis eines Ferrari 308 GT 4. Das einzigartige Erlebnis, einen Porsche 911 Turbo zu bewegen, erleichterte die Entscheidung jedoch für jene, die es sich leisten konnten. Stellvertretend für sie schrieb Gert Hack im Frühjahr 1975 in *auto motor und sport*: „Es ist nicht die schiere Beschleunigung allein, die fasziniert, sondern die Art, in der sie dargeboten wird. Ähnlich einem Schubtriebwerk vermittelt der Turbo-Motor eine völlig neue Dimension der Kraftentfaltung. Besonders beeindruckend ist, dass all dies überraschend leise und unerhört kultiviert vonstatten geht." Kein Wunder, dass in der zweijährigen Bauzeit des ersten Porsche Turbo 2850 Käufer nicht widerstehen konnten – und damit mehr als fünf Mal so viele wie ursprünglich geplant.

## Intermezzo: Der 912 E

Nach der Präsentation des Turbo folgte im Sommer 1975 eine Entwicklung ins andere Extrem, die im Heimatmarkt des Porsche 911 unbeachtet blieb. Kein Wunder, die neueste Variante, die

***Er sollte den Amerikanern die Wartezeit zwischen eingestelltem 914 und neuem 924 verkürzen: Für ein Jahr durfte der Porsche 912 1975 noch einmal aufleben.***

unter dem Namen 912 E firmierte, wurde ausschließlich in den USA angeboten. Dort hatte der Porsche 914 von 1969 an wesentlich zum Erfolg der Marke beigetragen. Mit seinem Entfall aus produktionstechnischen Gründen entstand eine Lücke im Programm, die man in Europa bereits mit dem neuen Porsche 924 schließen konnte. In den USA war der erste Frontmotor-Porsche jedoch erst mit einem Jahr Verspätung zugelassen. Grund genug für die Zuffenhausener, von August 1975 bis Juli 1976 den seligen 912 neu aufleben zu lassen, der vor dem 914 bis 1969 als Einstiegsmodell fungiert hatte. Die Motorentechniker implantierten den Zweiliter-Motor aus dem 914 2.0 ins Heck der 911-Karosserie, passten ihn mit einer Bosch L-Jetronic den US-Abgasbestimmungen an und ließen den 90 PS-Sportwagen seinen Weg in den Markt finden. 177 km/h Höchstgeschwindigkeit und eine Beschleunigung von 0 auf 100 km/h in 13,5 Sekunden waren zwar auch 1976 keineswegs mehr sportwagen-like – trotzdem entschieden sich mehr als 2000 US-Amerikaner für den kuriosen Zwitter aus Porsche-Karosserie und VW-Motor.

## Dauerhaftes Vergnügen mit Vollverzinkung

Zwar waren die 911-Modelle schon konstruktiv bei weitem nicht so stark von Korrosion befallen wie ihre Vorgänger, die nicht zuletzt der geschweißten Kotflügel wegen häufig mit anspruchsvollen Karosseriearbeiten am Leben gehalten werden mussten. Porsche hatte 1967 sogar mit einer ganz aus Edelstahl gefertigten 911-Studie eine technologische Lösung präsentiert, die für eine Serienfertigung viel zu aufwändig und zu teuer gewesen wäre, aber das Ziel einer dauerhaltbaren Karosserie formulierte. Denn die braune Pest nagte auch an den 911-Modellen – so wie Rost in den Siebzigern generell eines der kritischsten Themen in Bezug auf die Langlebigkeit von Fahrzeugen war. Selten dauerte es mehr als acht Jahre, bis sich die Karosserie einer Luxuslimousine, die ungeschützt Wetter und Streusalz ausgesetzt war, zusammenkehren ließ.

Grund genug für die Zuffenhausener, ab dem Modelljahr 1976 eine Revolution einzuläuten, die sich Jahre später zum Standard

***Mit feuerverzinkter Karosserie ging Porsche als erster Hersteller den Weg in Richtung Langzeitauto.***

*Die Vorzüge der feuerverzinkten Karosserie sollte auch dieser 911 demonstrieren, der völlig ungeschützt und offen den Unbilden der Witterung ausgesetzt wurde.*

für die Automobilindustrie entwickeln sollte: Die Verwendung vollverzinkter Bleche für die Karosserie. Gemeinsam mit dem Stahlhersteller Thyssen-Krupp hatte man sich an diese Technologie gewagt – eingedenk der Tatsache, dass es kaum einen anderen Hersteller gab, von dessen seit den fünfziger Jahren produzierten Fahrzeugen noch ein ähnlich großer Bestand im Straßenverkehr registriert war, ein naheliegender Schritt. Für den Kunden ergaben sich aus der neuen Technologie vollkommen unübliche Gewährleistungsfristen: Eine sechsjährige Garantie

*Der eine oder andere Bus-Passagier hätte sicher gerne mit der 911-Beifahrerin tauschen mögen.*

gegen Durchrostung der Bodengruppe sowie aller tragenden Karosserieteile konnte Mitte der Siebziger niemand anders anbieten. Die Porsche-Manager unterstrichen den Glauben an die Langzeit-Qualität ihrer Produkte noch dadurch, dass sie gleichzeitig die Vollgarantie von damals üblichen sechs Monaten auf ein Jahr ausweiteten und die Kilometerbegrenzung fallenließen.

*1976 bekam der Carrera, der längst nicht mehr die Rolle des wilden 911 spielte, drei Liter Hubraum. Die Leistung blieb bei 210 PS.*

Die neuen Garantieleistungen waren aber nicht die einzige Änderung des 1976er-Jahrgangs. Abermals änderten sich die Modellbezeichnungen – und man fuhr wieder dreigleisig. Der 911 S entfiel, das Typenprogramm stützte sich jetzt auf 911 (mit nun 165 PS aus unverändert 2,7 Litern Hubraum), Carrera (mit 200 PS, dafür aber drei Litern Hubraum) und Turbo (unverändert 260 PS aus drei Litern Hubraum). Vor allem der Charakter des Carrera hatte sich seit seinem Erscheinen stark verändert. Ähnlich dem Turbo setzten die Modellplaner auch hier verstärkt auf Komfort statt auf schiere Sportlichkeit. Nicht zuletzt deswegen hatte man sich auch für die Verwendung des auf drei Liter aufgebohrten Aggregats entschieden, das zwar nominell 10 PS weniger leistete, in den Fahrleistungen aber nur unwesentlich schlechter war als sein Vorgänger. Sein maximales Drehmoment von unverändert 255 Nm stellte der Carrera dafür schon bei 4200/min statt bei 5200/min bereit und wirkte so subjektiv kräftiger. Auch er verfügte inzwischen über die elektronische K-Jetronic, die in die anderen Modellen bereits eingezogen war.

Eine Kuriosität am Rande: Aus Gründen der Lärmvermeidung verfügte die Sportomatic ab Sommer 1975 nur noch über drei statt über vier Fahrstufen – wurde dafür jedoch ohne Aufpreis angeboten. Drei Vorwärtsgänge waren für einen Sportwagen Mitte der Siebziger freilich nicht mehr standesgemäß. Kein Wunder, dass die Automatik zusehends ein Mauerblümchendasein fristete.

Der neue Jahrgang wurde ein Erfolg: Erstmals nach der Energiekrise konnten wieder mehr als 10.000 Porsche 911 abgesetzt werden.

## Wachablösung vor der Tür: Die Transaxle-Modelle

Die Verkaufszahlen der luftgekühlten Heck- und Mittelmotormodelle, die in den Jahren 1974 und 1975 im Zuge der Energiekrise schrumpften, waren für die Manager in Zuffenhausen Wasser auf die Mühlen ihrer neuen Strategie. Mit Hochdruck waren die Arbeiten an den neuen Fahrzeugkonzepten betrieben worden. Der Porsche 924 erschien 1976 und konnte zumindest in den ersten Jahren den Erfolg des 914 wiederholen und die Rolle des meistverkauften Porsche-Modells spielen.

Zeitgleich mit der 924-Entwicklung hatte man den als 911-Nachfolger geplanten 928 mit wassergekühltem V8-Motor zur Serienreife gebracht. Ferry Porsche: „Gleichzeitig hatte man aber darauf verzichtet, beim 911 Modellpflege zu betreiben, da man sich sagte: ‚Der läuft ja ohnehin aus.' Die Herren hatten eben keine innere Beziehung zum 911." Von dem neuen Modell versprach man sich niedrigere Produktionskosten, deutlich mehr Platz und größere Leistungsreserven – was sich aber nur bedingt halten ließ. Im Frühjahr 1977 wurde der Porsche 928 in Südfrankreich der Weltöffentlichkeit vorgestellt. Das Ende des 911 schien nach

*Anfangs ein Riesen-Erfolg: Der Porsche 924 verkaufte sich vor allem in den USA zunächst hervorragend.*

14 Jahren besiegelt – auch wenn die Porsche-Manager bei der Vorstellung des 928 versuchten, die Gemüter zu beruhigen und versicherten, der 911er werde noch mindestens zwei bis drei Jahre lang gebaut.

Ihr „Auslaufmodell" hatten die Zuffenhausener für das Modelljahr 1977 nur leicht modifiziert. Zwei zentrale Belüftungsdüsen sollten die Frischluftzufuhr verbessern, während die Heizungsregelung nun beleuchtet war und alle Varianten in den Genuss der Heizungsautomatik kamen. Gegen den zunehmenden Fahrzeugdiebstahl versuchte man den 911 mit Drehrädern statt der leicht zu knackenden Verriegelungsstifte zu sichern. Zusätzliche Ausstattungsänderungen verstärkten weiter den Komfort-Charakter des Carrera 3,0: So wurde die Kupplungsbetätigung mit einem Servogerät bedeutend erleichtert. Auf 35.950 Mark war der Preis für einen Porsche 911 inzwischen geklettert. Auf 46.350 Mark kam der Carrera 3,0, während man den Achtzylinder-Boliden 928 mit 55.000 Mark genau zwischen Carrera und Turbo platziert hatte. Der stand mit 67.850 Mark in der Preisliste.

Auf die Vorstellung des 928 schienen eingefleischte 911-Fans geradezu reflexartig zu reagieren. Mitte 1977 stand für jeden Automobilexperten fest, dass die Tage der Heckmotor-Ikone gezählt sein würden. Solange es die einmalige Fahrmaschine aus Zuffenhausen jedoch als Neuwagen gab, schien das für

***Der Professor und seine Babies: Prof. Dr. Ernst Fuhrmann sah in den Transaxle-Modellen die Porsche-Zukunft. Der 928 erreichte als designierter 911-Nachfolger jedoch nie dessen Verkaufszahlen.***

viele die Aufforderung zu sein, sich einen der Letzten zu sichern – zumal der Porsche 928 als erster Sportwagen überhaupt die begehrte Auszeichnung „Auto des Jahres" gewann und damit scheinbar vor einer glänzenden Zukunft stand. Das Resultat: Im Modelljahr 1977 konnten die 911-Produktionszahlen um mehr als zehn Prozent gesteigert werden. Der 928 – der sich freilich noch in der Anlaufphase befand – konnte demgegenüber keine 1300 Verkäufe vorweisen, trug aber dazu bei, dass der Porsche-Umsatz im Geschäftsjahr 1976/1977 erstmals die Milliarden-Grenze überschritt.

***Das Porsche-Ensemble Ende der Siebziger: Auf diesem Bild haben die Transaxle-Modelle bereits die Mehrheit. In den Verkaufszahlen schwächelte aber vor allem der 928.***

***Mit ihm sollte Schluss sein: Der SC war ab 1977 in der Modellplanung als Auslaufvariante vorgesehen.***

Die Anzeichen der Wachablösung verdichteten sich für die Besucher der Frankfurter IAA im September 1977. Auf dem Porsche-Stand war der neue Modelljahrgang zu sehen. Abermals hatten die Modellplaner das Programm umgebaut: Als Porsche 911 SC firmierte nunmehr das Basismodell – der Carrera war ersatzlos gestrichen. SC? So hatte auch das letzte Modell des 356 geheißen, kurz bevor die ruhmreiche Modellreihe endgültig vom 911 abgelöst worden war. Sollte sich die Geschichte also wiederholen? „Man wird ihn, auch wenn es ihn einmal nicht mehr zu kaufen gibt, nicht so schnell vergessen", schrieb Klaus Westrup in *auto motor und sport.* Der letzte verbliebene 911-Sauger verfügte weiterhin über den bekannten Dreiliter-Motor – im SC freilich mit nur noch 180 PS und damit nochmals mit 20 weniger als im Carrera 3,0. Das Drehmoment indes war auf

***Im SC leistete das 3,0 Liter-Aggregat zunächst 180 PS. Der hochdrehende Sportmotor hatte zwischen 1968 und 1978 seinen Charakter mehr in Richtung „Dampfmaschine" verändert.***

***Die US-Versionen verfügten früh über einen Katalysator, der den Hinweis „Unleaded Fuel Only" obligatorisch machte.***

***An der Grundkonstruktion des 911 hatte sich seit 1963 kaum etwas verändert.***

*Das drohende Produktionsende hatte die Nachfrage nach dem Sportwagen-Oldie noch mal kräftig anwachsen lassen.*

*Formal konnte der 911 SC immer noch überzeugen. Allerdings ließen die Zuffenhausener ihm kaum noch Modellpflegemaßnahmen zu Gute kommen.*

265 Nm gestiegen, und die ersten Testfahrer rühmten die Kultiviertheit des 911 SC. Obwohl die Leistung für alle Märkte identisch war, gab es zu jener Zeit – aufgrund der unterschiedlichen Abgas-Bestimmungen – nicht weniger als sechs verschiedene Varianten des 180 PS-Motors. Eine Sekundär-Lufteinblasung zur Verringerung der Schadstoffe besaßen alle Varianten, einen Katalysator nur die Varianten für Japan und die USA, während der Porsche 911 SC für Kalifornien zusätzlich über eine Abgasrückführung verfügte. Endlich aber gab es wieder für alle 911 ein serienmäßiges Fünfganggetriebe. Mit Brems- und Kupplungsservo war auch der Einsteiger-911 – über dem es nur noch den Turbo gab – komfortseitig bestens gerüstet. Ausstattungsmäßig entsprach der 911 SC weitestgehend seinem Vorgänger Carrera. Lediglich die elektrischen Fensterheber und die Heizungsautomatik mussten jetzt aus der Zubehör-Liste bestellt werden. Dafür hatte sich aber der Preis auf 39.900 Mark reduziert.

## Noch mehr Leistung: 3,3 Liter turbo

Während Leistung und Preis für den 911 SC gegenüber dem Carrera reduziert wurden, ging man beim Turbo genau den anderen Weg: 2800 verkaufte Porsche Turbo 3,0 seit der Einführung hatten den Porsche-Modellplanern Mut gemacht, eine zweite Evolutionsstufe zu zünden. Ein um vier Millimeter vergrößerter Hub sowie eine zwei Millimeter größere Bohrung ließen den Sechszylinder-Boxer erstmals in seiner nun 14-jährigen Geschichte auf über drei Liter Hubraum anwachsen. Die Leistungsausbeute des Porsche Turbo 3,3 betrug somit satte 300 PS in Europa. Noch dramatischer fiel der Drehmomentzuwachs aus: 412 Nm standen bereits bei 4200/min zur Verfügung und übertrafen damit die Werte des Vorgängers um 83 Nm. Märkte mit strengeren Abgasgesetzen mussten sich mit einer auf 265 PS begrenzten Version zufrieden geben.

Neben dem Hubraum-Zuwachs war der erstmals verbaute Ladeluftkühler Grund für die Mehrleistung. Die Senkung der Ansaugluft-Temperatur auf 50 Grad Celsius bewirkte einen höheren Sauerstoff-Anteil – was sich unmittelbar in mehr Leistung bemerkbar machte. Auch thermisch war der neue Turbo dank Ladeluftkühler deutlich gesünder – die Basis-Verdichtung konnte sogar auf 7:1 erhöht werden. Die Unterbringung des Ladeluftkühlers erforderte einen größeren Spoiler, der auf dem – nun wieder aus Blech gefertigten – Motordeckel saß. Erkennbar war der neue Spoiler an den Kühlrippen sowie dem umlaufenden, hochgezogenen Schaumrand aus Polyurethan.

*Zum Modelljahr 1978 spendierte Porsche dem Turbo mehr Hubraum. Ergebnis: 300 PS.*

Das 3,3-Liter-Kraftpaket war das erste serienmäßige Turbo-Aggregat mit Ladeluftkühler.

300 PS aus 3299 $ccm^3$ Hubraum sorgten für eine Beschleunigung von 5,5 Sekunden auf die klassische 100-km/h-Marke.

Mit der Kraft frischer Luft aus dem Ladeluftkühler ließen sich 265 km/h erreichen.

Die Bremsanlage des neuen Turbo war – nur wenig modifiziert – aus dem Rennsport-Typ 917 übernommen und zeigte sich über jeden Zweifel erhaben. Gelochte Bremsscheiben mit Aluminium-Vierkolben-Festsätteln sorgten für sensationelle Verzögerungswerte, die angesichts einer Höchstgeschwindigkeit von 265 km/h und einer Beschleunigung von 0 auf 100 km/h in 5,5 Sekunden auch angemessen waren.

Gelochte Bremsscheiben aus dem Rennsportwagen Porsche 917 sorgten dafür, dass der Turbo unter allen Umständen auch sicher zum Stillstand kam.

Tatsächlich erholten sich die Verkaufszahlen des Klassikers weiterhin wie in einer Panikblüte und erreichten im Modelljahr 1978 mit fast 20.000 Exemplaren sogar ein Allzeithoch. Mehr als 50 Prozent aller 911 wurden in der Targa-Version ausgeliefert, da es vom 928 – den Ankündigungen zufolge – nur eine geschlossene Variante geben sollte. Dass der mit so vielen Vorschusslorbeeren gestartete Nachfolger im gleichen Jahr nur ein Viertel der 911-Verkäufe erreichte, freute zwar die Heckmotor-Fraktion. Dem Stuttgarter Management aber trieb es tiefe Sorgenfalten auf die Stirn. Zumal der von apokalyptischen Vorahnungen ausgelöste 911-Boom im Jahr darauf wieder beendet war und die Verkäufe auf wenig mehr als 12.000 Fahrzeuge absackten.

An den schleppenden Verkaufszahlen des neuen Spitzenmodells hatte dies jedoch nichts geändert. Nach dem Rekordumsatz im Geschäftsjahr 1978/1979 zogen erneut dunkle Wolken über Zuffenhausen auf – der sinkende Verlauf des Dollarkurses und der damit zurückgehende Verkauf im wichtigsten Markt tat sein Übriges. Im Modelljahr 1980 be-

*Das Interieur präsentierte sich immer noch komfortorientiert. Auf ein Fünfgang-Getriebe mussten Turbo-Kunden jedoch nach wie vor verzichten.*

*Die Bremsscheiben füllten den Innendurchmesser der Fuchs-Felgen nahezu vollständig aus. Immerhin waren aber 16 Zoll bereits Standard für den Turbo.*

*Aus Gründen des Fußgängerschutzes waren die seitlichen Profile des Heckflügels aus nachgiebigem Kunststoff gefertigt.*

*Immer klares Scheinwerferfeld: Spritzwasserdüsen waren eine beliebte Sonderausstattung für den 911.*

gann auch noch der 924 – die bisherige Volumenabsicherung – zu schwächeln. Der Verkauf des 911 SC, dessen Leistung ab September 1979 dank einer leicht erhöhten Verdichtung wieder auf 188 PS geklettert war, sank erstmals wieder unter 10.000 Einheiten.

Außer in kleinere Modellpflegemaßnahmen, andere Sitzbezugsstoffe oder Ausstattungsveränderungen investierte man aber nichts mehr in den Sportwagen, der inzwischen in seinem sechzehnten Jahr schon vereinzelt als fabrikneuer Oldtimer bezeichnet wurde. Der Entwicklung des 944 und neuer 928-Varianten wurde Priorität eingeräumt. Seine letzte Veränderung sollte der 911 SC im September 1980 erhalten, als die Verdichtung erneut angehoben wurde – von 8,6:1 auf nun 9,8:1, was neben der nun obligatorischen Verwendung von Superbenzin auch eine Leistungssteigerung auf 204 PS mit sich brachte. Den Abwärtstrend freilich konnte auch diese neuerliche Leistungskur nicht stoppen.

## 1980: Neuer Chef in Zuffenhausen – und neues Leben für den 911

Ende 1980 zog der Aufsichtsrat die Notbremse. Der 62-jährige Ernst Fuhrmann, der seit 1972 als Vorstandsvorsitzender die Geschäfte geführt hatte, wurde in den Ruhestand versetzt und am 1. Januar 1981 durch den 50-jährigen Peter W. Schutz ersetzt – einen deutschstämmigen US-Amerikaner, der zuvor zum Vorstand des Kölner Motorenherstellers Klöckner Humboldt-Deutz zählte. Es zeugt vom Mut oder von der Verzweiflung der Porsche-Familie, dass nicht ein Zuffenhausener Eigengewächs zum Vorstandschef ernannt wurde, sondern ein Betriebsfremder – gar ein Amerikaner. Ein größerer Kulturschock war kaum vorstellbar, zumal Schutz nach eigenem Bekenntnis nie einen Porsche bewegt hatte und privat am Steuer eines offenen 1970er Chevrolet Malibu saß. Aber dem Amerikaner – so hoffte man – würde es vielleicht besser gelingen, den wichtigsten Markt für Porsche zu verstehen.

***Mit ihm durfte der 911 in eine neue Zukunft blicken: Peter W. Schutz wurde im Januar 1981 Porsche-Chef.***

Der neue Vorstandsvorsitzende hatte vor allem die Aufgabe, die zerstrittenen Fraktionen im Unternehmen wieder zu einer Marschrichtung zu bewegen. Er nahm sich viel Zeit, die Meinung seiner Vorstandskollegen über den künftigen Kurs des Sportwagenbauers zu hören. Als er – nur wenige Tage nach seinem Amtsantritt – in einem Gespräch mit Entwicklungschef Helmuth Bott vom geplanten Aus für den 911 zum Modelljahr 1982 erfuhr, entschied er ohne Zögern, diese Entscheidung zu revidieren. Dem Amerikaner war bereits im Januar 1981 klar: Der 911 ist Porsche in Reinkultur. Mit der Heckmotor-Ikone, die in ungebrochener Tradition zum 356 stand, verfügte die Marke über einen wertvollen Schatz, der aus drei Elementen bestand: Einem einzigartigen technischen Konzept, einer 30-jährigen Tradition und markentreuen Kunden in aller Welt. Das elektrisierende Porsche-Gefühl, das bereits der allererste 356 vermittelt hatte, gab es nur bei Porsche – aber da auch nur beim 911.

924 und 928 waren hervorragend konstruierte Autos, die in der besten Ingenieurs-Tradition der Zuffenhausener standen. Aber sie litten unter einer gewissen Beliebigkeit und hätten in ihrer Konzeption ebenso gut von anderen Sportwagen- oder Luxuswagenherstellern stammen können – sie trugen nicht mehr die „Handschrift", wie Ferry Porsche es ausgedrückt hatte. Die Sanierung des Unternehmens konnte nur über den 911 laufen!

Wie aber diesen Kurswechsel vollziehen? Indem man dem 911 all das mitgeben sollte, was ihm bis dahin gefehlt hatte und all das in ihn hineinpackte, was technologisch machbar und vor allem „en vogue" war. Und damit aller Welt unmissverständlich klar machen würde: Wir glauben an dieses Fahrzeug – die Geschichte des 911 geht weiter!

## Mit Turbo und Allrad: Die Cabrio-Studie

Die folgenden Entscheidungen fielen in typisch US-amerikanischem Pragmatismus. Vielleicht war es ein Glücksfall, dass der neue Porsche-Chef privat ein Cabriolet bewegte und die Vorzüge eines „richtigen" Cabrios zu schätzen wusste. So war die größte Angebotslücke schnell gefunden, und schon im Februar erhielt die Design-Abteilung den Auftrag, unter dem Projektnamen „Roadster" für die IAA 1981 eine Studie für ein Voll-Cabriolet auf Basis des Porsche 911 zu entwickeln. Die Amputation des Targa-Bügels sollte sich als unerwartet einfach herausstellen. Seine ohnehin geringen Auswirkungen auf die Steifigkeit der Karosserie wurden mit Verstärkungen im Unterboden kompensiert, die zudem gewichtsneutral waren.

Was aus heutiger Sicht naheliegend erscheint, lag damals keineswegs auf der Hand. Ganze zwei Cabrios deutscher Hersteller gab es Anfang der Achtziger: den Mercedes SL und das VW-Golf-Cabrio. BMW sollte erst Mitte der Achtziger, Audi erst Anfang der Neunziger über ein offenes Fahrzeug im Portfolio verfügen. Anfang der Achtziger aber galten Cabrios als aussterbende Spezies.

***Die Studie des Vollcabriolet mit Turbo und Allrad signalisierte: Der 911 lebt!***

Das zweite Ziel, die Demonstration der technologischen Machbarkeit, konnte umgangssprachlich übersetzt werden mit: „Alles, was geht!" Und das konnte im Fall 911 nur eines heißen: Turbo. Ein offenes Auto mit 300 PS war zwar totaler Wahnsinn. Aber ein klares Bekenntnis zum Porsche-Gefühl.

Und nicht zuletzt: Die 911-Studie sollte „en vogue" sein – Zeitströmungen aufnehmen und für sich nutzen. Audi hatte 1980 mit der Vorstellung des Audi quattro für Furore in der Sportwagenwelt gesorgt. Das allradgetriebene Coupé – in der Serie mit Fünfzylinder-Turbomotor und 200 PS – hatte sich auf den Rallye-Pisten dieser Welt als nahezu unschlagbar erwiesen und dazu beigetragen, die Ingolstädter Marke von ihrem Beamten-Image zu lösen. „Allrad" war das Zauberwort in der Automobilindustrie der frühen Achtziger. Also sollte auch die IAA-Studie einen Allradantrieb erhalten – was sogar mit der Porsche-Tradition in Einklang zu bringen war: In den dreißiger Jahren hatte Ferdinand Porsche einen vierradgetriebenen Schwimmwagen konstruiert.

Ein wichtiges Ziel hatte Peter W. Schutz mit der Entscheidung für die Turbo-Cabrio-Allradstudie schon nach wenigen Tagen erreicht: In der Entwicklungsabteilung war die Begeisterung für den 911 wieder neu entfacht. Mit großem Enthusiasmus wurde an der Studie gefeilt, und auf dem IAA-Stand gab es im September 1981 wohl kaum eine größere Attraktion als das schneeweiße 911 Cabrio mit den dicken Backen des Turbo, das sich in seiner geöffneten Pracht den Besuchern zeigte. Für den nagelneuen 944, eine Studie namens 960 auf Basis des 928, die geringeren Verbrauch sowie mehr Komfort und Sicherheit versprach, oder gar für den LeMans-Siegerwagen 936 interessierte sich kaum jemand. Und es gab nur eine Frage: Wann bringt Porsche dieses Cabrio endlich auf den Markt?

Peter W. Schutz hielt die Spannung hoch: „Wir sind begeistert von den Möglichkeiten, die noch immer im 911-Konzept stecken", sagte er in der Pressekonferenz. „Nach der IAA werden wir ausgiebige Entwicklungsfahrten damit unternehmen und feststellen, welche Entwicklungen einmal in Serie gehen können." In Wirklichkeit hatte der erste Cabrio-Prototyp bereits zwei Wochen zuvor seinen 8000 Kilometer-Test auf der Weissacher Versuchsstrecke begonnen.

Das Signal war angekommen. Bereits in der Vorberichterstattung zur IAA hatte Götz Leyrer in *auto motor und sport* geschrieben: „.... all diese Aktivitäten beweisen zumindest eines: Dass dem seit 1964 gebauten Heckmotor-Veteran nicht nur eine lange, sondern auch eine aufregende Zukunft beschieden ist." Das sah im Rückblick auch Ferry Porsche so. In seinen Memoiren schrieb er über die bewegten Zeiten von 1981 und über Peter W. Schutz: „So hat er zum Beispiel den Untergang des 911 verhindert, in dem er ein Cabriolet baute und sich einen klaren Blick dafür bewahrte, dass der 911 einfach nicht sterben durfte. Und ich sage es ganz offen, wir wären heute sehr schlecht dran, wenn es den 911 nicht mehr gäbe. Das ist für mich ein ganz klarer Fall." Nicht nur für Ferry Porsche – sondern für Tausende von Porsche-Fans in aller Welt.

***Auf der IAA 1981 wurde die Cabrio-Studie gezeigt. Erst Ende des Jahres gab man die geplante Serienfertigung bekannt.***

## Von der Studie zum Serien-Cabriolet

Bereits kurz vor Ostern 1981 hatte Karosserie-Konstrukteur Gerhard Schröder einen dunkelblauen 911 SC-Prototypen aufgebaut, an dem die Dachkonstruktion gezeigt wurde. Die Verdeckkonstruktion des 911 war genial und vollkommen neuartig. Trotz seines „Textil-Looks" bestand rund die Hälfte des Dachs aus geprägten Stahlblechprofilen und Leichtmetallgussteilen, während die reinen Stoffpartien sehr kleinflächig ausfielen. Die Stahlblechprofile gewährleisteten einen Überrollschutz, der auf dem Niveau des Targa lag. Das aufwändig und in Rekordzeit konstruierte Verdeck ließ sich vollständig versenken – und wog 15 Kilogramm weniger als die Targa-Konstruktion.

*Die Montage des Verdecks war aufwändige Handarbeit. Nicht zuletzt deswegen betrug der Aufpreis fast 9000 Mark.*

Auf einfache Bedienung des aus Platzgründen ungefütterten Verdecks hatte Konstrukteur Schröder – nach den Schwierigkeiten, die so mancher Targa-Besitzer hatte – großen Wert gelegt. Nach dem Einklappen der Heckscheibe brauchten nur die horizontal am vorderen Dachlauf angeordneten Haken mit zwei herausnehmbaren Steckhebeln geöffnet zu werden. Danach ließ sich die kombinierte Stoff-/Stahlmütze bereits in die Mulde hinter den Rücksitzlehnen klappen. So sollten 911-Cabriofahrer auch kurze Sonnenscheinperioden ausnutzen können, ohne jeweils mit komplizierten und zeitaufwändigen Öffnungs- und Schließprozeduren belastet zu werden. Die Aufbauhöhe des Verdecks im geöffneten Zustand war sehr gering – eine unschöne Wulst, die die Linie des offenen 911 empfindlich gestört hätte, mussten Cabriofahrer somit nicht in Kauf nehmen. Die unter 911-Fahrern geschätzte 2+2-Konfiguration blieb nahezu in vollem Umfang erhalten – die hinteren Sitzlehnen waren lediglich fünf Zentimeter kürzer und geringfügig steiler positioniert.

## Schnellstes Serien-Cabriolet der Welt

Die Öffentlichkeit ließ man bis zum Jahresende zappeln. Erst im Dezember 1981 wurde die geplante Serienfertigung des 911 Cabriolets bekannt gegeben. Auf dem Genfer Automobilsalon im März 1982, 17 Jahre nach dem Produktionsstopp des letzten Porsche-Vollcabriolets, erlebte das Serienmodell seine Premiere. Ausgangsbasis war der 911 SC mit seinem 3-Liter-Motor und 204

*Oben: Das Serien-Cabriolet – hier im März 1982 auf dem Genfer Salon – musste ohne Turbo und Allrad auskommen.*

*Links: Das Verdeck war eine innovative Konstruktion mit feststehenden Elementen, die ein Aufblähen bei hohem Tempo verhinderten und ein unproblematisches Öffnen und Schließen ermöglichten.*

*Nach 17 Jahren endlich wieder ein richtiges Cabriolet aus Zuffenhausen. Der 356 konnte stolz sein auf seinen Nachfolger.*

PS – ohne den Turbolook der IAA-Studie. Die Besucher waren begeistert. Im offenen wie im geschlossenen Zustand machte das 911 Cabriolet eine hervorragende Figur.

Mit 235 km/h Höchstgeschwindigkeit wurde das Porsche 911 Cabrio als schnellstes Cabriolet der Welt präsentiert. Stolz verwiesen die Porsche-Verantwortlichen darauf, dass diese Geschwindigkeit im geschlossenen Zustand mit sehr geringen – für ein Cabrio vorher nicht möglich gehaltenen – Windgeräuschen erzielt werden konnte. 64.500 DM – und damit 8810 DM Aufpreis – kostete das Porsche 911 SC Cabriolet und lag so preislich genau zwischen den Mercedes-Modellen 380 SL und 500 SL. Im Aufpreis enthalten waren die Lederausstattung sowie der rechte Außenspiegel. Verzichten mussten Cabrio-Fahrer dagegen auf die automatische Heizungsregelung des Coupés – die Sensoren wären beim Offenfahren durcheinandergekommen. Als Starttermin für die Produktion wurde Anfang 1983 genannt. Wer über das nötige Kleingeld verfügte, sich aber noch nicht zu einer Bestellung durchringen konnte, hatte allerdings schon verloren. Bis zum Ende des Genfer Salons, also in weniger als zwei Wochen, war bereits ein Großteil der Jahresproduktion für 1983 verkauft.

*Dank des inzwischen auf 204 PS erstarkten Motors war das Porsche 911 SC Cabriolet mit 235 km/h Höchstgeschwindigkeit das schnellste Seriencabriolet der Welt.*

Allein die Aussicht auf das Cabriolet hatte den 911-Verkäufen 1982 einen Schub gegeben und die Produktion gegenüber dem Vorjahr um 20 Prozent ansteigen lassen. Mit 1,49 Milliarden Mark wurde sogar 1981/1982 ein neuer Umsatzrekord erzielt. Auch die Coupé-Versionen kamen im Zuge des Heckmotor-Revivals wieder in den Genuss von Modellpflege-Maßnahmen: Für 2500 Mark konnten auch SC-Kunden ab Herbst 1982 den Spoilersatz des „Turbo" ordern. Der Heckflügel war allerdings etwas kleiner, da der Saugmotor keinen Ladeluftkühler benötigte. Beim Turbo änderten die Techniker die Gemischaufbereitung, wodurch sich vor allem der Verbrauch im Stadtverkehr deutlich reduzieren sollte.

*Von der Cabrio-Einführung profitierte die gesamte 911-Baureihe. Auch das Coupé erfreute sich wieder wachsender Beliebtheit.*

Im Zentrum des Interesses stand 1983 allerdings das Cabrio: Im ersten Jahr verließen schließlich genau 4187 offene Porsche 911 die Hallen in Zuffenhausen, womit 30 Prozent aller produzierten 911 das Stoffverdeck trugen. Besonders freute die Modellstrategen, dass die Verkäufe des Coupés und des Turbos im gleichen Zeitraum stabil blieben. Lediglich der nach wie vor erhältliche Targa musste eine Einbuße von knapp 1500 Fahrzeugen hinnehmen. Unterm Strich aber blieb ein deutlicher Zuwachs von mehr als 2500 Exemplaren. Die Strategie mit dem 911 Cabriolet hatte sich als goldrichtig erwiesen: Die Zukunft des Porsche 911 war gesichert.

## 1983: Wieder ein Carrera

Das klare Bekenntnis zum 911 sollte sich nicht auf die Einführung des Cabriolets allein beschränken. Die IAA 1983 bescherte zwei Jahre nach der Präsentation der Cabrio-Allrad-Studie einen weiteren Ausblick in die 911-Zukunft. Mit der Gruppe-B-Studie 959 wurden die Zukunftsmöglichkeiten des Konzepts ausgelotet. 450 PS aus einem mit Registeraufladung versehenen 2,85-Liter-Sechszylinder-Boxer, der zwar nach wie vor luftgekühlt war, aber bereits über wassergekühlte Vierventil-Zylinderköpfe verfügte, sowie ein elektronisch geregelter, variabler Allradantrieb kennzeichneten den Technologieträger, der für die Achtziger den „state of the art" im Automobilbau repräsentieren sollte, aber 1983 noch Zukunftsmusik war.

Eine andere Neuheit stand dagegen nicht nur auf dem IAA-Stand, sondern schon in den Startlöchern: der 911 Carrera. Die „SC"-Bezeichnung entfiel. Um letzte Befürchtungen und Zweifel an der Zukunft des Heckmotors zu zerstreuen, orientierte man sich wieder an der Namensgebung der Siebziger. „Carrera" war fortan wieder die gängige Bezeichnung für die 911-Modelle.

Wie bei Porsche üblich, ging mit einer neuen Bezeichnung stets auch eine technische Weiterentwicklung einher. Wichtigste Änderung: Statt des 3-Liter-Motors stellte nun ein – laut Porsche – zu

*Die neueste Evolutionsstufe des Sechszylinder-Boxers wurde auf der IAA 1983 präsentiert. 231 PS leistete das 3,2 Liter-Aggregat, das im SC-Nachfolger „Carrera" zum Einsatz kam.*

***Schon 1984 ein Klassiker:** Der Carrera 3,2 war zu seiner Zeit ohne Zweifel der beste jemals gebaute 911.*

80 Prozent neu entwickelter 3,2-Liter-Boxer im Heck seine luftgekühlten 231 PS bereit. Gegenüber der ersten SC-Generation eine Mehrleistung von satten 51 PS – und ein klares Leistungsbekenntnis. Neben dem Plus an Hubraum war auch die Verdichtung von 9,8:1 auf 10,3:1 angehoben worden. Das maximale Drehmoment wuchs auf 284 Nm und lag bei 4800/min an.

Erstmals im Porsche 911 fand sich eine Digitale Motor Elektronik (DME), die zuvor im Porsche 944 debütiert hatte. Deren Mikroprozessor-Einheit errechnete mittels eines Kennfelds unter allen Bedingungen den idealen Zündzeitpunkt und die Einspritzmenge. Daraus ergaben sich zwei positive Nebeneffekte: Der Verbrauch sank – trotz gestiegener Leistung – um 10 Prozent. Vor allem aber wurde der Sechszylinder fit für den auf Wunsch lieferbaren Dreiwege-Katalysator, der von einer Lambda-Sonde gesteuert wurde und mit dem der Carrera 3.2 zum saubersten Porsche 911 aller Zeiten avancierte. Womit die Zuffenhausener mal wieder die Vorreiter-Rolle in der Automobilindustrie eingenommen hatten – auch wenn der Katalysator aufgrund der Verfügbarkeit bleifreien Benzins zunächst nur in den USA lieferbar war und die sauberen Abgase mit einer Leistungsreduzierung auf 207 PS erkauft wurden.

Die übrigen Änderungen beschränkten sich zwar auf Details, zeugten jedoch davon, dass die Porsche-Entwickler ihr Erfolgsrezept der ständigen Verbesserung wieder ernstgenommen hatten: An den Hinterrädern sorgten üppiger dimensionierte Bremskolben und der Bremskraftregler des 928 S für bessere Bremskraftverteilung. Die Bremsbelag-Verschleißanzeige warnte den 911-Piloten, vor einer Beschädigung der Bremsscheiben rechtzeitig neue Beläge aufziehen zu lassen, und die Leistung der Lichtmaschine wurde auf 1288 Watt erhöht. Eine bessere Heizleistung erreichte man durch Wärmetauscher mit größerem Durchmesser und ein zusätzliches Heizgebläse.

***Die Bremsanlage des Porsche 928 sorgte an der Hinterachse für erstklassige Verzögerungswerte.***

Äußerlich war der 911 Carrera vom 911 SC kaum zu unterscheiden – sieht man einmal vom neuen Bugspoiler mit integrierten Nebellampen, dem „Carrera"-Schriftzug auf der Motorhaube und den neuen Leichtmetallfelgen im „Telefonscheiben"-Design ab.

Wem der Porsche 911 Carrera nicht dynamisch und aggressiv genug erschien, für den bot das Werk ab Herbst 1983 die Option „Turbo-Look" an. Vor allem die turbo-verrückten US-Amerika-

*Der Carrera verfügte als erster Porsche 911 über die Digitale Motor Elektronik aus dem Porsche 944, die eine deutliche Verbrauchsminderung bewirkte.*

*Mit dem aufpreispflichtigen „Turbo-Look" ließ sich auch der Carrera optisch aufwerten.*

ner hatten auch für den Carrera nach der Optik des werksintern unter der Bezeichnung 930 geführten Turbo verlangt. Für 25.000 Mark Aufpreis umfasste das Paket die Front- und Heckkotflügel, die PU-Schaum-Frontspoilerlippe, Radaufhängungen und Bremsanlage des Turbo – inklusive der innenbelüfteten Bremsscheiben und der vom 917 stammenden Bremszangen sowie 7 Zoll breite Felgen vorn und 9 Zoll breite Felgen hinten, letztere versehen mit ultrabreiten 245/45VR16-Walzen.

Die breitere Spur, steifere Drehstäbe an der Hinterachse und ein weicherer Heckstabilisator verbesserten das Kurvenverhalten, während die um 14 mm verringerte Bodenfreiheit zur aggressiven Optik beitrug. Für den amerikanischen Markt wohl eher irrelevant war, dass der so ungemein dynamisch aussehende Turbo-Look den Carrera tatsächlich an Dynamik einbüßen ließ. Das lag nicht nur am Mehrgewicht von immerhin 50 Kilogramm,

*Bis 1988 sollte sich am Erscheinungsbild der Sportwagenlegende kaum mehr etwas ändern.*

die das Paket auf die Waage brachte, sondern auch an der vergrößerten Stirnfläche, die sich in der Endgeschwindigkeit um bis zu 20 km/h weniger bemerkbar machte. In Regionen freilich, wo 55 mph Höchstgeschwindigkeit galten, war dies leicht zu verschmerzen.

Einem vernachlässigten technischen Problem rückte man ebenfalls im Herbst 1983 zu Leibe: dem anfälligen Spanner der Steuerkette. Die vorher nie ganz dichten Steuerkettenspanner, die im Extremfall zu einem kapitalen Motorschaden führen konnten, wurden komplett neu konstruiert und an den Hauptölkreis angeschlossen. Diese technische Lösung hatte bereits einige Zeit in der Schublade gelegen – war aber wegen der vermeintlich kurzen Restlaufzeit des 911 nicht mehr realisiert worden.

Die neue Blütezeit spiegelte sich allerdings auch in den Preislisten wieder: Mit 102.000 Mark übertraf der 911 Turbo im Herbst 1983 erstmals die Schallgrenze von 100.000 Mark.

## Es lebe der Sport: 911 SC RS

Seine Rolle als teuerstes Modell der 911-Palette hatte der Turbo allerdings verloren. In Zuffenhausen wollte man wieder stärker an die Kunden denken, die ihren 911 im Motorsport einsetzen wollten. Dafür kam der Turbo aus Homologationsgründen nicht in Frage. Stattdessen wurde Sportfahrern eine nur 20 Exemplare umfassende Kleinserie angeboten, deren extrem leistungsgesteigertes Aggregat zwar auf dem Dreiliter-Saugmotor des SC basierte, im 911 SC RS aber – unter anderem durch die Verwendung der Zylinderköpfe des Rennwagens 935 – 255 PS leistete.

*Als Motorsport-Basisvariante war der 911 SC RS sogar teurer als der Turbo. Mit den Zylinderköpfen des 935-Rennwagens leistete der Dreiliter-Saugmotor 255 PS.*

Der in der Gruppe B einsetzbare Produktionsrennwagen, der auch eine Zulassung für den Straßenverkehr besaß, wurde ähnlich wie der Carrera RSR zehn Jahre zuvor einer extremen Gewichtsreduzierung unterzogen: Nur 960 Kilogramm bescherten dem 911 SC RS ein Leistungsgewicht von 3,76 kg/PS. Damit ließ die ausschließlich in Weiß lieferbare Sportskanone in den Fahrleistungen sogar den nominell stärkeren Turbo hinter sich. Freilich mussten Interessenten für den 911 SC RS erst einmal die Kaufpreishürde von 188.100 Mark überwinden, bevor sie in den Genuss des sportlichsten 911 kommen konnten. Die ersten Lorbeeren gewann der 911 SC RS in den Farben des Zigarettenherstellers Rothmanns gleich beim ersten Einsatz: Saeed al Hajri gewann 1984 die rund 6000 Kilometer lange Qatar-Rallye um die Middle-East-Meisterschaft.

*Nur 20 Fahrzeuge des spartanischen Sportwagens wurden gebaut, dann waren die Homologationsauflagen erfüllt. Der Preis von 188.100 Mark hätte einer weiteren Verbreitung allerdings auch im Wege gestanden.*

## Erfolge in den USA – aber drohende Vorzeichen

Der Modelloffensive von 1983 folgten ein Jahr später behutsame Modellpflegemaßnahmen. Ein neues Vierspeichenlenkrad und eine neue Sitzgeneration hielten Einzug. Die Sitze boten deutlich mehr Seitenhalt und waren zudem auf Wunsch elektrisch verstellbar und beheizbar. Optional gab es erstmals eine Zentralverriegelung, und der Katalysator war nun auch in Deutschland lieferbar – gegen einen Aufpreis von 2050 Mark und verbunden mit einer Leistungsreduzierung auf 207 PS. Den

*Ab Modelljahr 1985 war der Turbolook auch für das Cabrio erhältlich – allerdings ohne Heckflügel. In den USA eine äußerst beliebte Option.*

erfolgreichen Turbo-Look des Coupés gab es nun auf Wunsch auch für Cabrio und Targa.

Die Verkaufszahlen blieben auf hohem Niveau: Im Geschäftsjahr 1985/1986 konnten mehr als 53.000 Autos produziert werden – insbesondere der 944 hatte sich prächtig entwickelt. Mehr als 13.000 Kunden hatten sich für einen 911 entschieden, und auch der 928 kletterte erstmals zumindest über die 5000er Grenze. Allerdings gingen fast 60 Prozent aller Porsche in die USA, angesichts des wieder sinkenden Dollarkurses eine besorgniserregende Entwicklung. Aber noch lief es prächtig für Porsche jenseits des großen Teichs. Und im Sommer 1985 gab es für die komfortverwöhnten Amerikaner endlich für das Cabrio eine Sonderausstattung, auf die man sehnsüchtig gewartet hatte: das elektrische Verdeck. Damit war der offene 911 nun auch für die Millionärs-Gattin, die sich keiner ungebührlichen Anstrengung unterziehen und auch die kurze Strecke zur Einkaufs-Mall offen fahren wollte, zur echten Alternative avanciert. Wäre sie streng nach den Buchstaben des Gesetzes verfahren, hätte sie freilich immer noch zum Auf- und Anknüpfen der Persenning aussteigen müssen.

Die Vordersitze des Modelljahrgangs 1986 hatte man 20 mm tiefer gelegt, um mehr Kopffreiheit zu erzielen. Auch das Fahrwerk war komplett überarbeitet worden. Das Vertrauen in die Qualität der eigenen Produkte war indes weiter gewachsen: Dank vollverzinkter Karosserie wurde die Durchrostungsgarantie auf zehn Jahre erweitert. Gleichzeitig gewährte Porsche eine dreijährige Lackgarantie sowie eine zweijährige Garantie auf das Gesamtfahrzeug.

Solchermaßen modellgepflegt konnten die Verkaufszahlen des Porsche 911 im Modelljahr 1986 auf fast 18.000 Fahrzeuge gesteigert werden. Es schien also, als ob man in Zuffenhausen alles richtig machte in jenen Tagen. Die sinkende Inlandsnachfrage und die steigende Abhängigkeit vom US-Markt – während der Dollar weiterhin an Wert verlor – sah man nicht als problematisch an. Noch nicht.

Der von vielen befürchtete Einbruch kam 1987. Die Porsche-Manager hatten ihren Heckmotor-Sportwagen zwar im September 1986 nochmals leicht aufgewertet – unter anderem war die Leistung der Kat-Version von 207 auf 217 PS gestiegen – aber die dunklen Wolken waren unübersehbar. Peter W. Schutz hatte mehr als eine Milliarde Mark in neue Fertigungsanlagen investiert. Eine ebenso visionäre wie notwendige Maßnahme – plötzlich aber sah man sich bei sinkenden Absatzzahlen mit der Aufgabe konfrontiert, eine Produktionskapazität von 30.000 Fahrzeugen im Jahr auszufüllen. 911 und 928 waren nicht in der Lage, diese Stückzahl zu generieren – also wurden die Modelle 924 und 944 von der bisherigen Audi-Auftragsfertigung in Neckarsulm erstmals nach Zuffenhausen ins Stammwerk verlagert. Mit 31.000 Fahrzeugen war der Verkauf gegenüber dem Vorjahr um mehr als 20.000 Einheiten zurückgegangen – vor allem wegen des aufgrund des schwachen Dollars nahezu zusammenbrechenden US-Marktes. Neue Varianten sollten die Nachfrage wieder anheizen.

## Das Luxusspielzeug: Porsche 911 Turbo Cabrio

Nach Auffassung von Porsche-Chef Schutz war ein Porsche „kein Auto, sondern ein Spielzeug". Bei Entscheidungen ließ er sich denn auch keinesfalls von rationalen Aspekten leiten, sondern davon, ob ein neues Produkt bei den potenziellen Porsche-Kunden das Bedürfnis nach Besitz auslösen würde – auch wenn es dafür objektiv keine Notwendigkeit gab. So wie das Porsche 911 Turbo Cabrio.

Mit Vernunftsmaßstäben war diesem neuesten Spross der Stuttgarter Sportwagenschmiede, der im Frühjahr 1987 der Öffentlichkeit präsentiert wurde, nicht beizukommen. Zur Cabrio-Studie 1981 hatte *auto motor und sport* noch geschrieben: „Ein Cabrio-Fahrer (...) hat für seinen Frischluft-Spaß auch nicht den mit einer schon fast beängstigenden Brutalität ans Werk gehenden Turbo-Motor nötig. 260 km/h mit heruntergeklapptem Verdeck – das ist wirklich weit mehr, als man seiner Frisur zumuten möchte." Doch knapp sechs Jahre später war es so weit.

US-Amerikanische Tuner hatten schon begonnen, in Cabrios mit dem werksseitig lieferbaren Turbo-Look auch dessen Technik einzubauen. Warum sollte das Werk das also nicht selber tun? Der amerikanische Markt verlangte danach, und die Porsche Hauszeitschrift *Christophorus* sprach von einer „netten, kleinen Überraschung".

Entgegen der IAA-Studie von 1981 trug das potente Cabrio – im Gegensatz zum optionalen Turbo-Look für das Carrera Cabrio – den Heckflügel der Coupé-Variante. Für die Serie konnte man auf den Ladeluftkühler nicht verzichten, wollte man exakt die gleiche Motorkonfiguration wie im Coupé verwenden. Und das wollte man – das Cabrio sollte schließlich die gleichen Fahrleistungen erreichen. Das elektrische Verdeck gehörte zwar zur

***Die Frage, ob man 300 PS zum Offenfahren brauchte, hat im Frühjahr 1987 niemand gestellt. Allein die Tatsache, dass es Cabrio und Targa ab sofort mit dem aufgeblasenen Sechszylinder gab, erzeugte eine enorme Begehrlichkeit.***

***Anders als beim Turbo-Look verfügte das „echte" Turbo-Cabrio über den Heckflügel – der Aerodynamik und dem Ladeluftkühler geschuldet.***

Serienausstattung, aber der Aufpreis von 59.750 Mark gegenüber dem Carrera Cabrio, dessen Basispreis inzwischen auch auf 85.250 Mark geklettert war, ließ viele Interessenten erst einmal in ihr privates Turbo-Loch fallen. Trotzdem fanden sich zwischen Februar und Sommer 1987 325 Kunden, die bereit waren, für das explosive Frischluftvergnügen mindestens umgerechnet 145.000 Mark auf den Tisch des Porsche-Händlers zu blättern.

## Back to the roots – Clubsport und Speedster

Jede Bewegung erzeugt immer eine Gegenbewegung: Isaac Newtons Bewegungsgesetz und das Prinzip der Polarität sollten auch für die Modellpalette des Porsche 911 Gültigkeit besitzen.

Da wäre zunächst die Bewegung: In 23 Jahren Bauzeit war die Leistung des 911 von 130 auf maximal 300 PS angewachsen – der Hubraum von 2 auf 3,3 Liter. Klimaanlage, elektrische Fensterheber, Zentralverriegelung, elektrische Sitzverstellung und beim Cabrio ein elektrisches Verdeck gehörten zu den populären Ausstattungsmerkmalen – wenn nicht gar zur Serienausstattung. Der Turbo-Motor gab sich zudem deutlich leiser und kultivierter als die Sauger-Variante des Sechszylinder-Boxers. Aus der einstigen schwer zu bändigenden Heckmotor-Fahrmaschine war ein Luxus-Coupé geworden. Eine Entwicklung, die nicht allen gefiel. Vor allem Puristen unter den Porsche-Fans war diese Entwicklung ein Dorn im Auge. Es war Zeit für eine Gegenbewegung.

Erneut half ein Blick in die Porsche-Geschichtsbücher zur Festlegung der richtigen Strategie. Im Laufe seiner Evolution hatte auch der 356 eine Domestizierung über sich ergehen lassen, die von Carrera und Speedster mit großem Erfolg konterkariert worden war. Auf der IAA 1987 schließlich sahen die Besucher des Porsche-Stands, was dabei herausgekommen war, nachdem man sich in Zuffenhausen den Wurzeln des Porsche-Gefühls angenähert hatte: mit Porsche Clubsport und Porsche Speedster war die Gegenbewegung eingeläutet.

Dabei war der Clubsport genau genommen keine eigenständige Modellvariante, sondern ein Ausstattungspaket. Nach bester Carrera RS-Manier hatte man ihn deutlich erleichtert und spartanischer gehalten als den serienmäßigen Carrera. Front- und Heckspoiler waren ebenso entfallen wie die hinteren Sitze. Der Entfall der Geräuschdämmung ließ Motor- und Fahrbahngeräusche nahezu ungefiltert an die Ohren der Sportfahrer gelangen, die in ihren manuell verstellbaren Sportsitzen saßen und auch auf die automatische Regelung der Heizung sowie die elektrischen Fensterheber verzichteten. Ein serienmäßiges Sportfahrwerk unterstrich die Rennambitionen des Clubsport, der im Übrigen ohne Aufpreis angeboten wurde. Sein 3,2 Liter-Sechszylinder war weitgehend unverändert – bis auf die leichteren Einlassventile, die Drehzahlen bis 6840/min statt der 6250/min gestatteten, bei denen die Elektronik des Standardmotors abriegelte. Ein Mindergewicht von immerhin 50 Kilogramm konnten die Clubsport-Varianten für sich verbuchen. Sie überzeugten vor allem die gusseisernen 911-Fans, die dem rauen Charakter der früheren Modelle nachtrauerten.

*Links: Mit dem 911 Clubsport von 1988 kam Porsche der Idealvorstellung vom Sportwagenfahren wieder ein ganzes Stück näher.*

*Unten: Nach Jahren des Komfort- und Gewichtszuwachses reduzierte die Clubsport-Variante das 911-Vergnügen wieder auf das Wesentliche.*

Einen ähnlichen Weg ging man beim Speedster. Eine Speedster-Variante war Porsche-Chef Peter W. Schutz bereits 1981 vorgestellt worden, – hatte sich aber wegen der zu großen – und im Fertigungsprozess zu teuren – Abweichung vom Coupé nicht gegen das Cabrio durchsetzen können. Jetzt aber war die Zeit reif – nach 33 Jahren feierte das Speedster-Konzept bei Porsche seine Wiederauferstehung. Der Speedster ließ die Herzen der Puristen und der Freunde der „reinen Lehre" des Porsche-Gefühls höher schlagen. Mit seiner um fünf Grad stärker geneigten und um 80 mm niedrigeren Windschutzscheibe im Alumi-

*Die Rücksitze hatten dem Gewichtsdiktat geopfert werden müssen – 50 Kilogramm konnten insgesamt eingespart werden.*

*Das Aggregat war aus dem Carrera 3,2 und weitestgehend unverändert. Leichtere Einlassventile steigerten jedoch die Drehfreudigkeit.*

Sogar von den fünf Instrumenten hatte sich der Clubsport verabschiedet.

niumrahmen wirkte er deutlich flacher und geduckter als das Cabrio. Im Profil markierte der in Wagenfarbe lackierte GFK-Buckel hinter den Vordersitzen, unter dem sich das Notverdeck verbarg, den Unterschied. Bei der Konstruktion des Verdecks hatten sich die Ingenieure von allen Kompromissen verabschiedet. Eine gängige Definition machte damals die Runde: „Ein Cabrio ist ein geschlossenes Auto, das man offen fahren kann. Ein Speedster ist ein offenes Auto mit einem Klappverdeck." Speedster-Kunden mussten jedenfalls beim Ausfüllen des Kaufvertrags unterschreiben, dass sie erhöhte Windgeräusche ebenso bereitwillig akzeptieren würden wie Wassereinbrüche unter extremen Bedingungen.

Oben: Reminiszenz an den erfolgreichen Speedster der Fünfziger. Der Speedster begeisterte auf der IAA 1987 das Publikum.

Links: Die flachere Windschutzscheibe prägte die Frontansicht des Speedster und markierte einen deutlich Unterschied zum Cabriolet.

BB PW 180

BB PW 180

***Oben:** Für viele der schönste offene 911: der Speedster.*

***Linke Seite, oben:** Ohne Windschutzscheibe und mit der aufklappbaren Innenraum-Abdeckung war der Speedster nur auf abgesperrten Strecken zu bewegen.*

***Linke Seite, unten:** Die A-Säule ließ sich samt Windschutzscheibe in kurzer Zeit demontieren. Davon machte jedoch kaum ein Speedster-Kunde Gebrauch.*

Eine besondere Attraktion hatte man sich mit zusätzlichen Verwandlungsmöglichkeiten einfallen lassen: Eine extrem flache, einseitige Clubsport-Abdeckung mit niedriger Plexiglas-Frontscheibe und ein geschlossenes Hardtop mit beheizbarer Heckscheibe. Möglich war die Abdeckung durch einen konstruktiven Trick: Der Aluminiumrahmen der Frontscheibe ließ sich mit Bordwerkzeug ebenso demontieren wie die Scheibenwischer – laut Aussage von Speedster-Projektleiter Friedrich Bezner innerhalb einer knappen Stunde. Mit aufgesetzter Clubsport-Abdeckung erlosch jedoch die Betriebserlaubnis, und legal ließ sich der Porsche 911 Speedster auf öffentlichen Straßen nicht mehr bewegen. Das Hardtop war so konzipiert, dass es sich auf das Verdeck aufsetzen ließ und nicht dessen Ausbau erforderte – ein wesentlicher Vorteil gegenüber dem Cabrio.

Eigentlich hatte der Speedster auf der IAA nur das Interesse für eine Variante testen sollen, die man auf Basis des bereits in der Erprobung befindlichen Nachfolgers mit der Projektnummer 964 erwogen hatte. Aber das starke Interesse ließ dem Management keine Wahl. Als Produktionsstart wurde der Herbst 1988 verkündet – rechtzeitig also zum 25. des Porsche 911 – womit die Speedster-Idee doch noch auf Basis des „alten" 911 realisiert werden musste. Aber hätte es ein besseres Symbol für den ewig junggebliebenen Charakter des „Auto-Opas" geben können?

Der 25. Geburtstag war für den Porsche-Verkauf Anlass genug, ein Sondermodell in begrenzter Stückzahl und in Diamantblau-Metallic aufzulegen. Serienmäßig gab es sowohl eine Teilleder-Ausstattung als auch eine Jubiläumsplakette auf dem Handschuhkastendeckel. Edle Teppiche und ein elektrisches Schiebedach (elektrisches Verdeck beim Cabrio) sowie ein eingesticktes Autogramm von Ferry Porsche in den Kopfstützen komplettierten das heute unter Sammlern gesuchte Angebot. 87.950 Mark kostete die Jubiläums-Ausgabe des Coupés.

Einmal in Feierlaune, hatten die Modellplaner aber auch den regulären Versionen zusätzliche Ausstattungsdetails spendiert. Eine Zentralverriegelung gehörte jetzt ebenso dazu wie eine elektrische Sitzhöhenverstellung. Auch die Scheinwerferwaschanlage brauchte ebenso wie die begehrten Fuchs-Felgen in 7 respektive 8 Zoll nicht mehr extra bezahlt zu werden. Weil aber jede Feier irgendwann auch bezahlt werden muss, war der Basispreis des 911 erneut gestiegen: 80.500 Mark wechselten im Tausch für ein Coupé des Modelljahrgangs 1988 den Besitzer.

## Der Ausklang

Im Zuge des Börsen-Crashs vom Oktober 1987 brachen die US-Währung und die US-Auftragseingänge endgültig ein – für die Zuffenhausener ein Desaster, das Peter W. Schutz im Dezember seinen Job als Vorstandsvorsitzender kostete. Ihm wurde vorgeworfen, nur auf den kurzfristigen Erfolg gesetzt und die langfristige Konsolidierung des Unternehmens aus den Augen verloren zu haben. Nicht aber Porsche-Enkel Ferdinand Piëch, wie viele vermutet hatten, sondern Heinz Branitzki, bisheriger Finanzvorstand, sollte Porsche ab Anfang 1988 wieder auf Wachstumskurs führen. Tatsächlich hatte das rasante Wachstum während der Achtziger – die Verdoppelung des Fahrzeugabsatzes und die Umsatzsteigerung von 850 Millionen auf 3,7 Milliarden Mark – viele strukturelle Probleme überlagert. Drei Modellreihen, die sich praktisch keine einzige Schraube teilten, deren Vielzahl an Varianten aber ohnehin kaum eine rationelle Serienfertigung zuließ, stellten für einen Kleinserienhersteller eine zu große Bürde dar. Die Gewinne hatten daher laufend in den Ausbau der Produktionsstätten investiert werden müssen – und fehlten bei der Entwicklung neuer Modelle.

So waren die Arbeiten am 911-Nachfolger verschoben worden, was man sich angesichts des reißenden Absatzes von 911 Carrera und 944 in den Jahren 1985 und 1986 scheinbar leisten konnte. Die Planungsphase für das mit der Codenummer 964 bezeichnete Nachfolge-Projekt hatte bereits 1984 begonnen – aber erst im Januar 1989 sollte das erste Modell der neuen Baureihe vom Band rollen.

***Kurz nach Anlauf der Serienfertigung wurden alle Speedster ausschließlich mit der Turbo Look-Karosserie ausgeliefert.***

PORSCHE
Speedster

Ein Jahr also musste der 911 noch in seiner Ur-Form überstehen. 1989 sollte endlich das Jahr des Speedster werden. Die ersten Preislisten warteten jedoch mit einer Überraschung auf: Hatte das IAA-Exponat im Herbst 1987 noch den braven Carrera-Look getragen, war für den Speedster ab Baunummer 172 im Januar 1989 der Turbo-Look obligatorisch. Die wuchtige Optik fraß zwar einen Teil der Gewichtsreduzierung auf, passte aber zum sportlichen Auftritt des Zweisitzers. Mit 110.000 Mark war der 911 Speedster – anders als der 356 Speedster – alles andere als ein besonders preiswerter Porsche und mit immerhin 13.200 Mark Aufpreis auch deutlich teurer als das reguläre Cabrio. Trotzdem war die gesamte Produktion ausverkauft, noch bevor das erste Exemplar auf Band gelegt wurde.

Im Juli 1989 rollte schließlich das letzte Coupé aus den alten Fertigungshallen in Zuffenhausen. Das Nachfolgemodell würde auf den in der Schutz-Ära neu errichteten Fertigungsanlagen montiert werden. Damit war aber noch kein Schlussstrich unter die 911-Produktion gezogen, die seit 1964 ununterbrochen in den ehemaligen Reutter-Hallen ihre Heimat hatte. Bis September 1989 verließen 2065 Speedster die Montagehallen – und hatten die Ehre, als letzte Porsche 911 auf den altehrwürdigen Bändern gebaut zu werden. Dort war einst schon der Porsche 356 entstanden. Den Weg in die Schrottpresse musste die Fertigungsanlage, auf der Automobilgeschichte geschrieben worden war, nicht antreten. Nach Fertigstellung der letzten Speedster fand sie ihren Weg ins Mannheimer Technik-Museum und kann noch heute dort bewundert werden.

***Zur kraftvollen Optik des Speedster passte der Turbo-Look. Mit ihm nahm auch die klassische 911-Generation im September 1989 ihren Abschied – 26 Jahre nach ihrer Premiere.***

## 1988-1994

# Porsche 911 reloaded: Baureihe 964

## Porsche 911 reloaded

Der erste Versuch, einen Nachfolger für die Sportwagen-Legende Porsche 911 zu etablieren, war gründlich schiefgegangen. In keinem Jahr hatte der 928 die Verkaufszahlen seines vermeintlichen Vorgängers auch nur annähernd erreichen können. Beim neuerlichen Versuch – zehn Jahre später – hatte das Management daher die Parole ausgegeben, dass der Neue zwar ein von Grund auf neu konstruiertes Auto sein müsse, um den Anforderungen der Neunziger gewachsen zu sein, dass er sich aber konzeptionell und formal so eng an den 911 halten sollte wie irgend möglich, um dessen Erfolgsgeschichte und seinen Mythos ungebrochen fortführen zu können. Diese wesentlichen Weichenstellungen für die Serienentwicklung waren in der Amtszeit von Peter W. Schutz getroffen worden. Rückblickend muss man feststellen, dass sie sich als richtig erwiesen hatten. Nur kam der Verkaufsstart des 964 mindestens ein Jahr zu spät – ein neues Modell hätte sich der beginnenden Rezession in der zweiten Hälfte der Achtziger wohl besser entgegenstellen können als der Vorgänger. Erst im Januar 1989 sollte das erste Modell der neuen Baureihe, der Carrera 4, vom Band rollen.

***Nach Aussage des neuen Porsche-Chefs Heinz Branitzki sollte der 964 der Porsche „für die nächsten 50 Jahre" werden.***

„La 911 est morte, vive la 911!" titelte denn auch eine französische Tageszeitung beim Erscheinen des Carrera 4, und auch die Hauszeitschrift *Christophorus* vermeldete: „Dem Verdacht, fabrikneue Oldtimer zu verkaufen, hat sich Porsche durch eine Radikalkur enthoben."

Tatsächlich waren alle bisher erschienen 911-Baureihen Modifikationen und evolutionäre Weiterentwicklungen des Ur-Typs von 1964 gewesen. Der 964 dagegen war die erste echte Neuentwicklung in der 26-jährigen Geschichte des Heckmotor-Sportwagens. 87 Prozent aller Teile waren komplett neu konstruiert worden. Lediglich die Karosserie-Außenhaut und Komponenten der Innenausstattung hatte man vom Vorgänger übernommen. Radstand, Breite und Höhe entsprachen exakt denen des Vorgängers. Der größte optische Unterschied zum Carrera 3,2 war der neue Front-Stoßfänger, in den eine großzügige Blinker-, Fernlicht- und Nebellampeneinheit integriert war. „Was heute vor ihnen steht", sprach denn auch Helmuth Bott im November 1988 vor Pressevertretern zur Premiere des neuen Modells, „ist ein Sportwagen mit der vertrauten Optik und mit neuen Tugenden."

***Oben:* Die neue Stoßfängergestaltung war sichtbarstes Zeichen der 964-Baureihe. Über dem Stoßfänger hatte nichts verändert werden dürfen.**

***Unten:* Unterm Blech war der Carrera 4 eine Revolution – die man ihm aber nicht ansehen konnte.**

Carrera 4 bedeutete nicht nur Allrad, sondern erstmals auch ABS und Servolenkung.

Hervorragendste Tugend des neuen Modells war das nun vollkommen unproblematische Fahrverhalten, das mit dem Entfall jeglicher Lastwechselreaktionen und Empfindlichkeiten auf Seitenwind sowie mit sensationeller Traktion aufwarten konnte. Grund dafür war der elektronisch geregelte Allradantrieb, der aus dem High-Tech-Träger 959 in das Serienmodell eingeflossen war. Ein Allradantrieb in einem 911er war zwar schon 1981 in der Cabrio-Studie auf der IAA zu sehen gewesen – eine Lösung freilich, die mit der jetzt realisierten Kraftübertragung nicht viel gemein hatte und auch nie zum Einsatz gekommen war. Das System des Carrera 4 war den überwiegend mechanischen Antrieben seiner Zeit weit überlegen: Zwei hydraulisch gesteuerte Sperren sorgten nicht nur bei unterschiedlichen Straßenzuständen für optimale Verteilung der Antriebskraft auf alle vier Räder, sondern auch bei unterschiedlicher Zuladung oder wechselndem Reifendruck. Die Basis-Kraftverteilung hatte man bewusst auf 31:69 Prozent festgelegt, um dem Allradler wenigstens einen Hauch der unvergleichlichen 911-Charakteristik zu geben.

Die konstruktiven Maßnahmen hatten sich ausgezahlt. Ihre bisweilen unvermittelt auftretende Giftigkeit hatte die bishe-

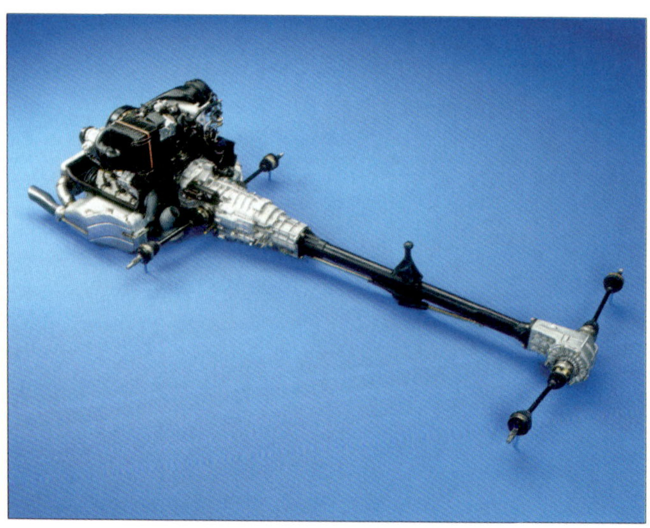

Der Allradantrieb war der größte technologische Unterschied zu allen bisher gebauten 911-Modellen.

*Kraftverteilung und Sperrwirkung ließen sich mit zwei Drehreglern manuell verstellen.*

*Mit Anlauf der Serienfertigung des 964 war das neue Werk eingeweiht worden.*

rige Heckschleuder vollständig abgelegt: „Man muss schon sehr gravierende Fahrfehler machen, um mit diesem Auto in Schwierigkeiten zu kommen", urteilte Motorjournalist Reinhard Seiffert nach dem ersten Test des neuen Sportwagens, der in seinem ersten Jahr nur als Coupé erhältlich war.

## Moderne Zeiten: Carrera 2

1989 wurden die alte und neue 911-Generation, Carrera 3,2 und Carrera 4, parallel angeboten. Während die alten Modelle im ehemaligen Karosseriewerk der Firma Reutter entstanden, wurde der Carrera 4 bereits in einem hochgradig automatisierten und damit kostengünstigeren Fertigungsprozess im neuen Werk hergestellt. Die Nachfrage hatte sich insgesamt stabilisiert – der mindestens 115.000 Mark teure Carrera 4 war zu seinem Produktionsstart bereits auf ein Jahr hinaus ausverkauft und bis zum Sommer 1989 mehr als 3100 Mal an sehnsüchtig wartende Kunden ausgeliefert worden. Nach den Werksferien aber war es Zeit, dass der Geist der Moderne endlich auch in die anderen 911-Typen Einzug hielt. Zumal die Zahlen des Porsche-Absatzes auch 1989 weiter gesunken waren.

Ab Oktober 1989 kamen auch Cabrio-Fans in den segensreichen Genuss des Allradantriebs und konnten ihren Carrera 4 in der offenen Version ordern – mit dem weitestgehend unveränderten, jetzt aber nur noch in der elektrischen Version lieferbaren Verdeck aus dem Carrera 3,2. Die noch wichtigere Neuheit war freilich der Carrera 2, der alle Innovationen des Carrera 4 übernommen hatte – mit einer Ausnahme: dem Allradantrieb.

*Auch das Cabrio war wenige Monate nach dem Coupé als Carrera 4 lieferbar.*

*Unterm Blech hatte sich eine Menge verändert: Beide Achsen waren komplette Neukonstruktionen.*

Wie bei allen zwischen 1964 und 1988 gebauten Porsche 911 trieb sein Sechszylinder-Boxer ausschließlich die Hinterräder an.

Die durch den Allradantrieb notwendig gewordenen Änderungen hatten auch die zweiradgetriebenen Typen deutlich aufgewertet: Die komplett neukonstruierte Vorderachse mit McPherson-Federbeinen erlaubte, dass endlich Selbstverständlichkeiten wie ein Anti-Blockier-System oder eine Servolenkung Einzug in den 911 halten konnten.

Auch die Hinterachse war eine komplette Neukonstruktion, die sich konzeptionell eng an die vom 928 bekannte „Weissach-Achse" mit Vorspur-Korrektur anlehnte. Das Fahrverhalten verbessern sollte auch der Heckspoiler. Seit den Tagen des Carrera RS 2,7 hatte man um die den Geradeauslauf stabilisierende Wirkung eines „Entenbürzels" oder des „Serviertabletts" gewusst. Als formal gelungen galt den Designern gleichwohl keine der beiden Varianten. Für den 964 entwickelte man daher eine Lösung, die ursprünglich für den 928 angedacht war, dort aber nicht realisiert wurde: einen in die hintere Hauben-Kontur integ-

*Der ausfahrbare Heckspoiler verband formale Eleganz (im Stand) mit aerodynamischer Effizienz (ab 80 km/h).*

***Der Sechszylinder-Boxer hatte deutlich zugelegt: 250 PS aus 3,6 Litern lauteten nun die Eckdaten.***

rierten Heckflügel, der ab einer Geschwindigkeit von 80 km/h automatisch ausfuhr und den notwendigen Abtrieb bereitstellte. Ab 10 km/h verschwand der Flügel wieder dezent in seiner Behausung, um im Stillstand nicht das ästhetische Empfinden eines 911-Betrachters zu verletzen. Angenehmer Nebeneffekt war die verbesserte Motorkühlung.

Der Motor, vom Carrera 4 übernommen, war natürlich erneut ein luftgekühlter Sechszylinder-Boxer, der allerdings deutlich überarbeitet worden war. Damit konnten die fast 200 Kilogramm Mehrgewicht, die der Carrera 2 gegenüber seinem Vorgänger auf die Waage brachte, kompensiert werden. Die auf 100 mm vergrößerte Bohrung sowie der auf 76,4 mm verlängerter Hub

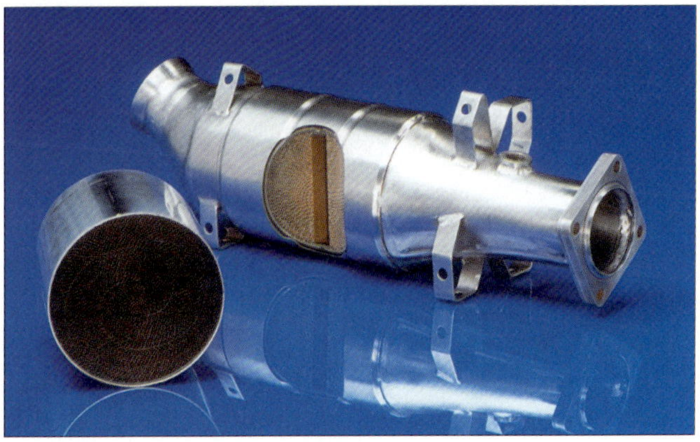

***Dank Edelstahl-Katalysators waren die Zeiten leistungsreduzierter Modelle mit Abgasreinigung endgültig vorbei.***

*Auch die Verbesserung der Aerodynamik war wichtiges Entwicklungsziel – wie hier durch die Verkleidung des Unterbodens.*

Der Ende der Achtziger obligatorische CD-Wechsler befand sich im Gepäckraum.

Die Instrumentierung sah unverändert aus – war aber komplett neu entwickelt worden.

ließen den Hubraum auf 3,6 Liter anwachsen. Damit leistete das Triebwerk 250 PS bei 6100/min und hatte ein maximales Drehmoment von 310 Nm bei 4800/min. Mit 5,9 Sekunden unterbot der Carrera 2 erstmals die 6-Sekunden-Marke beim Sprint von 0 auf 100 km/h und hielt sich mit 260 km/h auch nicht an die zu jener Zeit gültige freiwillige Selbstbeschränkung der deutschen Automobilindustrie auf 250 km/h.

Mit einem geballten High-Tech-Paket war es gelungen, erstmals einen Motor mit identischen Leistungsdaten für alle Märkte anzubieten – bei immer noch unterschiedlichen Abgas- und Geräuschgrenzwerten. Selbst der geregelte Dreiwege-Katalysator war jetzt nicht mehr mit einer Leistungseinbuße verbunden, was durch die erstmalige Verwendung von Edelstahl statt Keramik möglich wurde. Eine komplette Neuentwicklung war die „adaptive Motorsteuerung mit ständiger Motor-Selbstkontrolle". Deren Elektronik regelte die sequenzielle Benzineinspritzung ebenso wie Zündwinkel, Klopfregelung, Lambda- und Leerlaufregelung und konnte sich auf nahezu alle möglichen Benzinqualitäten einstellen, ohne dass der Motor Schaden nahm.

Vom 959 wurde die Doppelzündung mit zwei Kerzen pro Zylinder übernommen, die eine Verdichtung von 11,3:1 ermöglichte. Die Zweistufen-Resonanzansauganlage verfügte über ein von der Elektronik gesteuertes, zu- und abschaltbares Schwingrohr, mit dem verschiedene Resonanzzustände im Ansaugbereich erzeugt werden konnten. Das ermöglichte einen Nachschiebeffekt mit mehr Frischluftdurchsatz und somit optimierte Leistung in allen Drehzahlbereichen: gutes Ansprechverhalten bei niedrigen Umdrehungen ebenso wie maximalen Luftdurchsatz bei Drehzahlorgien jenseits von 5000/min. Die komplett neue Auspuffanlage war aus Geräuschgründen um 50 Prozent vergrößert und teilgekapselt – außerdem ein wichtiges Element des Geräusch- und Aerodynamik-Pakets, das eine komplette Verkleidung des Unterbodens beinhaltete.

Der Aerodynamik des 911 hatten die Formgestalter besondere Beachtung geschenkt. Dem Team um Chef-Designer Harm Lagaay war es gelungen, trotz der extrem engen formalen Vorgaben den Luftwiderstandsbeiwert $c_w$ von 0,39 auf 0,32 zu drücken. Die bündig eingesetzten Frontscheiben und der verkleidete Unterboden trugen ebenso dazu bei wie die neuen, glattflächigen Aluminiumräder. Auch die Kühlluftführung für den Motor wurde den aerodynamischen Vorgaben angepasst.

Die Bemühungen, ja nichts am 911-Gefühl zu verändern, trugen bisweilen bizarre Züge. So wurden die fünf Anzeigeninstrumente auf Durchlicht-Technik umgestellt – was deren komplette Neukonstruktion erforderte. Optisch hatten die seit den Frühzeiten des 911 verwendeten fünf klassischen Rundinstrumente dagegen unverändert zu bleiben.

## Ideal zum Cruising: Die Tiptronic

An der „Sportomatic" für schaltfaule Kunden hatte Porsche – zuletzt mit nur geringem Erfolg – bis 1979 festgehalten und seither kein automatisiertes Getriebe für den 911 angeboten, was insbesondere von US-Kunden vermisst wurde. Mit Erscheinen des Carrera 2 sollte sich das ändern. Um erst gar nicht den Eindruck

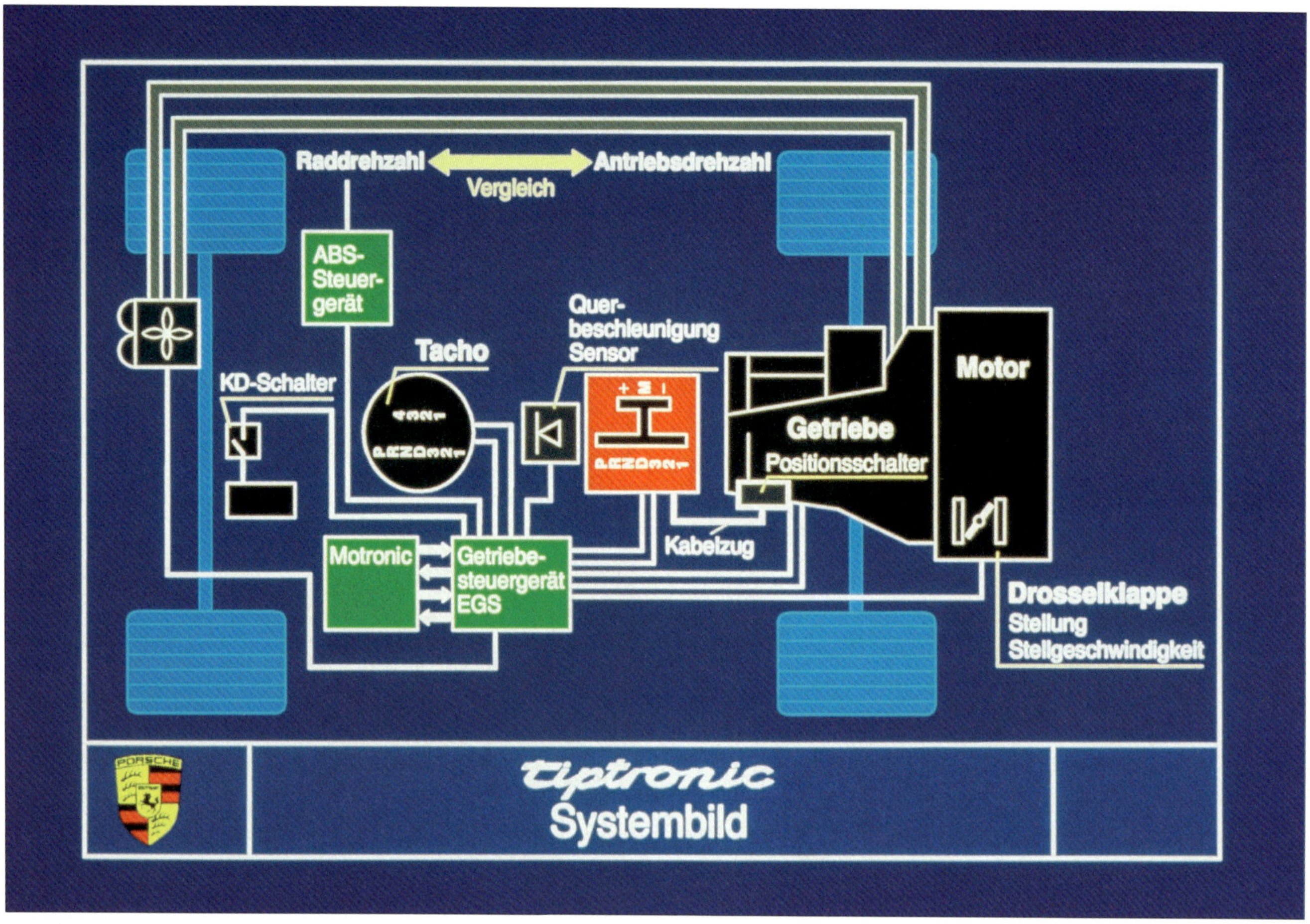


*Schematische Darstellung der Tiptronic, die auch Automatik-Fahrer wieder in den 911 holen sollte.*

eines Features für ältere Damen zu erwecken, sollte mit Hilfe moderner Technologie ein neuer Maßstab für Automatikgetriebe gesetzt werden. Die Anforderung des Lastenheftes lautete, „dass der Fahrer auch in der vollautomatischen Betriebsart aktiv auf die Fahrweise Einfluss nehmen kann".

Die für 6000 Mark Aufpreis lieferbare „Tiptronic" verfügte über zwei Schaltgassen, mit denen der Fahrer vollkommen unterschiedliche Betriebsarten wählen konnte. Im Automatik-Modus schien das elektronische Gehirn der Tiptronic tatsächlich zu ahnen, wie der Fahrer aufgelegt war. Schnelles Treten des Gaspedals – weil auf einer Pass-Strecke etwa ein Wohnmobil überholt werden musste – bewirkte sofort die sogenannte „Aktivrückschaltung", mit der das sportlichste Schaltkennfeld aktiviert und sofort zwei oder drei Gänge zurückgeschaltet wurde, um maximale Beschleunigung zu erzielen. Nahm der Fahrer nach erfolgtem Überholvorgang und kurz vor der nächsten Kehre das Gas abrupt zurück – so wie es beim sportlichen Fahren vor eine Kurve üblich ist – hielt die Tiptronic den Gang fest, um die Motorbremswirkung des niedrigen Ganges auszunut-

*Der Tiptronic-Hebel mit den zwei Schaltgassen, die zum Vorbild für zahlreiche Automatikgetriebe werden sollten.*

*Tiptronic-Fahrer konnten wählen, ob sie manuell oder vollautomatisch fahren wollten.*

zen. In Kurven fand wunschgemäß ab einer bestimmten Querbeschleunigung kein Gangwechsel statt und bereits im zweiten Gang wurde ab 60 km/h der Drehmomentwandler überbrückt, um maximalen Vortrieb zu gewährleisten und möglichst ökonomisch – ohne mechanischen Schlupf – zu fahren.

Messwerte wie Geschwindigkeit, Drosselklappenwinkel, Drehzahl sowie Längs- und Querbeschleunigung wurden im Automatik-Modus alle 30 bis 100 Millisekunden abgefragt. Aus diesen Informationen interpretierte die Elektronik den aktuellen Fahrstil und ordnete diesem eine von fünf Schaltkennlinien zu. Das Programm war dazu lernfähig, passte sich also über die Zeit immer besser an die Bedürfnisse und den individuellen Fahrstil des 911-Fahrers an.

Wer ganz auf die automatischen Einflüsse verzichten und manuell über den jeweils eingelegten Gang entscheiden wollte, für den bot sich die rechte Schaltgasse an. Ein Tippen des Schalthebels nach vorn bewirkte ein zugkraftfreies Hochschalten in maximal 0,2 Sekunden – ein Fünftel der Zeit, die ein geübter Fahrer mit manueller Schaltung und konventioneller Kupplung brauchte. Heruntergeschaltet wurde genau umgekehrt. Die Autonomie wurde nur dadurch begrenzt, dass die Automatik sich weigerte, Befehle auszuführen, die den Motor über seine Drehzahlgrenze gebracht hätten.

Auch untertouriges Fahren beantwortete die intelligente Schalthilfe mit selbsttätigem Herunterschalten, so dass selbst bei eingelegter 4. Gangstufe ein Anfahren problemlos möglich war. Die Tatsache, dass eine ähnliche Halbautomatik seit 1989 von Ferrari in der Formel 1 verwendet wurde, passte für die sportliche Positionierung der Tiptronic gut ins Konzept. Die 6000 Mark Aufpreis konnte man nun für das „Formel-1-Feeling" legitimieren – in der Praxis lernten fast alle Kunden eher die Vorzüge des vollautomatischen Betriebs zu schätzen. Besonders viele Cabrio-Fahrer sollten sich für die Tiptronic entscheiden, da dies besonders gut zum „Open-Cruising" und der Gelassenheit eines offenen Fahrzeugs passte.

Die Reaktionen auf den 964 fielen euphorisch aus. So urteilte das US-Magazin *Excellence:* „Der Carrera 2 ist der beste 911, den Porsche jemals gebaut hat. Mit der neuen Servolenkung, die den direkten Kontakt zur Straße beibehält, aber das Zurückschlagen des Lenkrades eliminiert hat, steigt das Fahrvergnügen. Die Hinterachse verfügt nun über Schräglenker mit Vorspur-Korrektur wie die Weissach-Achse des 928. Diese Fortschritte des Fahrwerks gepaart mit einem Motor, der mittlerwei-

*Die drei Karosserievarianten blieben unverändert im Programm.*

le fast den doppelten Hubraum des Zweiliter-Originalmotors von 1964 hat, ergeben ein Paket, das agil und explosiv ist wie dies kein 911 vorher war. Der Carrera 2 ist der ultimative Beweis für Porsches Fähigkeit, den 911 zu einem Fahrzeug auch für das nächste Jahrzehnt zu machen. Man hat den Charakter des 911 beibehalten, dabei aber seine Stärken ausgebaut und die Schwächen eliminiert."

Den Abwärtstrend allerdings konnte auch der 964 zunächst nicht stoppen. Am stärksten betraf der Rückgang den US-Markt. Nur 2100 Carrera 2 und 4 konnten im Modelljahr 1990 für die USA produziert werden. Zwei Jahre zuvor hatte man noch mehr als 5700 Fahrzeuge über den großen Teich bringen können. Hatten die Zuffenhausener ihre Preispolitik überzogen? Den Wechsel von Carrera 3,2 auf Carrera 2 ließ man sich mit immerhin 17.500 Mark Aufpreis bezahlen. Für 911-Fahrer war die Einstiegsschwelle 1989 auf 103.500 Mark gestiegen. Ein Jahr zuvor hatte ein Carrera 3,2 noch 86.000 Mark gekostet.

## Frühjahr 1990: Wieder mit Turbo

Dem Modellwechsel vom Carrera 3,2 auf den Carrera 2 war eine Version zum Opfer gefallen, die seit Mitte der Siebziger zentrale Bedeutung für das 911-Image gehabt hatte: der 911 Turbo. Auf dem Genfer Salon im März 1990 lösten sich freilich die bangen Befürchtungen der Turbo-Fans in aller Welt in Wohlgefallen auf. Mit den bewährten Zutaten wie verbreiterter Karosserie und feststehendem Heckflügel präsentierte sich der aufgeladene 911 der Baureihe 964 der Fachpresse. Das noch auf dem Aggregat des ersten Turbo basierende und nahezu unveränderte Kraftwerk leistete nun 320 PS bei 5750/min und hatte ein Drehmoment von 440 Nm bei 4500/min. Statt der K-Jetronic kam nun eine KE-Jetronic von Bosch zur Anwendung. Vor allem aber wurde die Kraft des Boliden nun über ein Fünfganggetriebe an die Hinterräder übertragen (was allerdings bei den letzten Turbos der alten Generation auch schon zum Einsatz gekommen war). Mit 275 km/h Höchstgeschwindigkeit und einer Sprint-Zeit von 0 auf 100 km/h in fünf Sekunden erreichte der 911 neue Bestmarken.

Freilich mussten die Fans noch fast ein Jahr lang warten, bevor im Januar 1991 die ersten Porsche Turbo neuer Generation ausgeliefert wurden. Mit 178.500 Mark stellte der Turbo allerdings auch beim Listenpreis einen neuen Rekord für die „regulären" 911-Modelle auf. Für viele Hardcore-Enthusiasten offenbar deutlich zu viel: Von den 20 Fahrzeugen, die man aus Zuffenhausen nach Südfrankreich zur internationalen Pressevorstellung

*Ab 1990 gab es auch endlich wieder einen Turbo. Das aus dem Vorgänger nahezu unverändert übernommene Aggregat leistete nun 320 PS.*

gebracht hatte, konnten sechs keinen geordneten Rückweg mehr antreten: Sie wurden gestohlen.

Die Reihe der negativen Unternehmensbotschaften riss derweil nicht ab: Im März 1990 wurde abermals die Führung ausgewechselt und der ehemalige Nixdorf-Manager Arno Bohn als Nachfolger von Heinz Branitzki ernannt.

## 1991: Leistungsexplosion mit Turbo S

***Im Frühjahr 1991 erschloss der Turbo S mit 381 PS und abgespeckter Ausstattung neue Leistungs- und Fahrdynamik-Dimensionen.***

Das Jahr 1991 begann spektakulär. Der erste Golfkrieg zur Befreiung Kuweits sollte die Konjunktur in den USA ankurbeln und Porsche wieder auf die Überholspur bringen. In Europa entwickelten sich dagegen die Wiedervereinigung der beiden deutschen Staaten und der Fall des Warschauer Blocks als Konjunktur-Lokomotiven. Positive Vorzeichen also, unter denen Arno Bohn seine ersten Monate als Porsche-Chef erleben durfte.

Passend zur gesamtwirtschaftlichen Situation präsentierte Porsche auf dem Genfer Salon im Frühjahr 1991 eine leistungsgesteigerte Version des Turbo, die selbst hartgesottenen Leistungs-Fetischisten die Kinnlade herunterklappen ließ. Die Zuffenhausener hatten das Clubsport-Konzept auf den Turbo übertragen und ihm zusätzlich ein Doping verpasst, das es in sich hatte. Die 1290 Kilogramm des mangels Klimaanlage, elektrischer Fensterheber, Zentralverriegelung, Rücksitzen und Geräuschdämmung um 180 Kilogramm erleichterten Porsche Turbo S sahen sich der Urgewalt von 381 PS ausgesetzt, die den Boliden in 4,7 Sekunden auf 100 km/h katapultierten. Mit 290 km/h hatte der Porsche Turbo S die 300 km/h-Marke erstmals in unmittelbarer Reichweite. Und auch die Drehmomentwerte erreichten neue Dimensionen: 481 Nm wuchtete der stärkste 911

Nur 83 Käufer fanden sich, die 295.000 Mark für den leistungsstärksten 911 aller Zeiten aufbringen konnten.

***Der Carrera RS war deutlich gewichtsreduziert und mit 145.000 Mark nur halb so teuer wie der Turbo S.***

aller Zeiten bei 4800/min Nm auf die Kurbelwelle. Der Genuss dieser Leistungsorgie erforderte jedoch zwei Vorbedingungen, die insgesamt nur 83 Käufer erfüllten: Geduld – der Turbo S kam erst ein Jahr später, im Januar 1992, zur Auslieferung – und Liquidität: Denn 295.000 Mark musste man schon übrig haben, um einen Porsche Turbo S sein eigen nennen zu können.

Die Sport-Enthusiasten kamen aber auch vergleichsweise günstiger davon: Denn der neue Carrera RS zeigte sich nicht nur noch puristischer als der Turbo S. Mit 145.000 Mark war er auch nur halb so teuer. Die Gewichtsreduktion auf 1220 kg war so

***Linke Seite:***
***Oben links: Mit 290 km/h kratzte der Porsche 911 Turbo S erstmals an der 300 km/h-Marke – der Heckflügel sorgte für die Reduzierung des dynamischen Auftriebs.***

***Oben rechts: Statt Zusatzscheinwerfern verfügte der Turbo S im vorderen Stoßfänger über Öffnungen für die Bremsbelüftung.***

***Unten links: Auch die Bremsen waren der extremen Leistung des Turbo S angepasst.***

***Unten rechts: Die hinteren Bremsen wurden ebenfalls durch separate Belüftungsöffnungen gekühlt.***

***Der Innenraum des Carrera RS zeigte sich besonders spartanisch – in bester Erinnerung an den ersten Carrera RS von 1973.***

weit gegangen, dass sogar am Kabelbaum gespart worden war und eine Nachrüstung mit elektrischen Komfort-Optionen ausschied. Dünnglas, eine Fronthaube aus Leichtmetall und Türverkleidungen mit Schlaufen zum Zuziehen trugen zur Diät bei. Eine straffere Fahrwerksabstimmung mit um 20 mm abgesenkten Federbeindomen, ein Getriebe mit kürzeren Schaltwegen sowie eine direkter übersetzte Lenkung rundeten das sportliche

*Der 3,6-Liter-Saugmotor war nur leicht auf 260 PS getunt.*

Angebot ab, für das sich immerhin 2000 Kunden entschieden – doppelt so viele wie ursprünglich für Homologationszwecke geplant und benötigt.

Der Motor des ab Herbst 1991 lieferbaren Carrera RS war nur leicht getunt. Mit 260 PS übertraf er den Carrera 2 um ganze 10 PS, überbot aber dessen Fahrleistungen angesichts eines Mindergewichts von 180 Kilogramm deutlich.

## Jäher Absturz

4500 Porsche 911 hatten amerikanische Händler im Modelljahr 1991 an ihre Kunden absetzen können. Insgesamt liefen 1991 sogar erstmals mehr als 20.000 Porsche 911 vom Band – eine Verdoppelung gegenüber dem Vorjahr. Der Absturz nach dem Nachlassen dieser Sondereffekte war freilich umso härter: 1992 erlebten die Verkaufszahlen einen drastischen Einbruch, und im Geschäftsjahr 1991/1992 musste erstmals in der Firmengeschichte ein Verlust ausgewiesen werden. Er betrug 65,8 Millionen Mark. Die Harmonie zwischen Arno Bohn und den Porsche-Eigentümern war ebenfalls bereits Geschichte: Hauptpunkt der Auseinandersetzungen war die Abschreibung von 250 Millionen Mark Entwicklungskosten für ein viersitziges Modell mit Achtzylindermotor, das nie eine Chance auf Realisierung gehabt hatte.

*Der Carrera RS 3,8 war mit 300 PS die bis dahin stärkste Saugmotor-Variante – mit 225.000 Mark aber auch die teuerste.*

*Viele Modelle für einen kleinen Hersteller. Genau das war Anfang der Neunziger zunehmend das Problem der Zuffenhausener.*

**Der mit 11,0:1 verdichtete Motor erreichte seine Höchstleistung bei 6500/min.**

Die Modellplaner versuchten verzweifelt, den Abwärtstrend mit Sonderaktionen zu bekämpfen. Ende 1991 waren eine „Limited Edition" und der „America Roadster" erschienen, Sonderserien des Carrera 2 im Turbo-Look als Cabrio oder Coupé. Hinter beiden Sonderserien, die in Deutschland nur als Turbo-Look vermarktet wurden, verbarg sich auf dem amerikanischen Markt eine Preisreduzierung um fast 10.000 Dollar. Angesichts des immer noch schwachen Dollars hatte man diese Anpassung vornehmen müssen.

Auch am oberen Ende versuchte man, den 911 mit immer neuen Varianten aktuell zu halten und so der Krise entgegenzusteuern. Nur ein halbes Jahr nach Produktionsbeginn des Carrera RS stand der Carrera RS 3,8 als Basismodell für den ADAC-GT-Cup in den Preislisten. Mit 102 Millimetern betrug die Bohrung des luftgekühlten Boxer erstmals über 100 Millimeter. Der Saugmotor des Motorsport-Basisgeräts war auf 11,0:1 verdichtet und knüpfte wieder an alte Drehfreude an. Bei 6500/min erreichte er 300 PS und kam damit bereits in Turbo-Bereiche.

Gegenüber dem Carrera RS war das Gewicht noch einmal um 10 Kilogramm zurückgegangen. Kein Wunder, dass der RS 3,8 mit 4,9 Sekunden von 0 auf 100 km/h den 260 Kilogramm schwereren Turbo sogar unterbieten konnte. Lediglich in der Höchstgeschwindigkeit musste er seinen Bruder mit dem aufgeladenen Sechszylinder ziehen lassen. Einer großen Verbreitung

**Der Heckflügel des Carrera RS 3,8 präsentierte sich als echtes Flügel-Leitwerk.**

*Der Speedster sollte die Erinnerung an glorreiche Zeiten heraufbeschwören – und natürlich neue Begehrlichkeiten erwecken.*

*Die in Wagenfarbe lackierten Rückseiten der Sportsitze waren Erkennungsmerkmal der besonders sportlichen 911-Varianten.*

stand allerdings die Limitierung auf 55 Exemplare im Weg. Mit 225.000 Mark markierte der Carrera RS 3,8 zudem das obere Ende der Preisliste.

An glorreiche Zeiten anknüpfen sollte ein Modell, das Besucher des Pariser Salons im Herbst 1992 bewundern konnten. Drei Jahre nach der erfolgreichen ersten Generation des Porsche 911 Speedster reüssierte das ultimative Schönwetter-Auto jetzt auch auf Basis der neuen Modellgeneration. Die Zutaten hatte man nahezu unverändert vom Vorgänger übernommen: Das kürzere und niedrigere Dach bestimmte in Kombination mit dem einfachen, manuell bedienbaren Verdeck die Silhouette des Zweisitzers. Der neue Speedster verfügte über Schalensitze aus dem Carrera RS, deren Rückseite farblich auf die Außenfarbe

*Im Gegensatz zum Speedster der ersten Generation verfügte der 964 Speedster nicht über den breiten Look des Turbo-Pakets.*

abgestimmt war. Die 17-Zoll-Bereifung demonstrierte Sportlichkeit, während – im Gegensatz zum 1989er Speedster – auf den Turbo-Look verzichtet wurde. Dem Purismus wurden außerdem die ansonsten serienmäßigen Airbags, die zentrale Türverriegelung und die elektrischen Spiegel geopfert. Komfortfeatures wie die elektrischen Fensterheber oder die Servolenkung blieben den Speedster-Kunden jedoch erhalten. Auf Wunsch gab es sogar Klimaanlage, Sitzheizung und Tiptronic. Passte das zum puristischen Anspruch? In einem Test wurde es im Frühjahr 1993 mit der lakonischen Bemerkung kommentiert: „James Dean wäre heute auch schon 62."

Die Hoffnungen, die auf die Wiedergeburt der so entstandenen „Fahrmaschine" gesetzt wurden, waren groß: 3000 Exemplare hatte man eingeplant, und sogar der Preis war mit 134.00 Mark relativ moderat geraten – verglich man ihn mit den 142.620 Mark, die der Porsche-Händler inzwischen für das Cabrio sehen wollte. Aber aus dem Klammergriff der Krise konnte sich der Speedster nicht befreien: nur 936 Kunden konnten sich für die dritte Generation des Porsche-Klassikers begeistern.

In der Zuffenhausener Zentrale hatte kurz vor der Präsentation des Speedster erneut ein Führungswechsel stattgefunden. Arno Bohn hatte nach dem desaströsen Geschäftsverlauf im September 1992 die Chefetage verlassen müssen und wurde von einem unbekannten, 40 Jahre alten Ingenieur ersetzt, den viele für eine Übergangslösung hielten. Wendelin Wiedeking – zunächst nur Vorstandssprecher – hatte den Auftrag, die Firma, die allein im ersten Halbjahr 1992 mehr als 120 Millionen Mark Verlust einfuhr, wieder in bessere Zeiten zu führen. „Mission Impossible" kam zwar erst 1996 in die Kinos, aber die Aussichten zu Wiedekings Amtsantritt hätte man wohl kaum besser betiteln können.

## Neuer Basis-Turbo

Bis sich die Entscheidungen von Wendelin Wiedeking auf das 911-Modellprogramm auswirken würden, sollte aber noch Zeit vergehen. In kleinen Schritten ging es weiter vorwärts. Als nächste Neuheit der 964-Baureihe präsentierten der krisengeschüttelte Sportwagenbauer im Januar 1993 einen neuen Turbo: Statt des alten Motorblocks bekam nun auch der 964 Turbo den neuen des Carrera 2 und verfügte somit über 3,6 statt 3,3 Liter Hubraum. Für 204.000 Mark kamen die besonders leistungshungrigen unter den 911-Fans jetzt in den Genuss von 360 PS – nur geringfügig weniger als im Turbo S, der noch über den alten Motorblock verfügte, aber auch gut 50 Prozent teurer war. Im einzigen Jahr seiner Laufzeit entschieden sich immerhin 1031 Kunden aus aller Welt für den Sportwagen, der die Bezeichnung „Turbo 3,6" auch auf dem Motordeckel trug.

*Ab 1993 verfügte auch der Turbo über den 3,6 Liter-Motorblock des 964. 360 PS waren das Resultat.*

Als allerletzte Neuheit hatte man die Zutaten des 911-Programms für den Genfer Salon 1993 zu einem neuen Modell gemixt: Karosserie und Fahrwerk des nur als Hecktriebler erhältlichen Turbo wurden mit dem Antriebsstrang des allradgetriebenen Carrera 4 kombiniert. Als Sondermodell zum 30. des Porsche 911 ging diese Version in die Annalen ein. Zum Feiern hingegen war in Zuffenhausen kaum jemandem zumute. Gerüchte machten die Runde, und es war kaum noch die Frage, ob Porsche ein Übernahmekandidat sei, sondern wer sich den Sportwagenbauer einverleiben würde: BMW, Mercedes, VW – oder gar Fiat? Immerhin dementierte die Familie und ließ über Ferdinand Piëch verlauten: „Solange ich lebe, wird Porsche selbständig sein."

Das Aus für den Porsche 911 mit dem Modell-Code 964 wurde 1993 eingeläutet. War die Entwicklung des 964 der Versuch gewesen, die Fehler mit dem 928, der in den Siebzigern mit allen 911-Konventionen hatte brechen sollen, nicht zu wiederholen, so war die formale Orientierung des 964 an seinem Vorgänger wohl zu streng geraten. Einem neuen Auto hätte man auch ansehen sollen, dass es neu war. Diesen Fehler machte man beim 993 nicht mehr. Dem 964 blieb dagegen das Schicksal, als „Krisen-Porsche" in die Automobilgeschichte einzugehen.

*Das Aggregat des Porsche Turbo 3,6, der sich immerhin noch mehr als 1000 Mal verkaufen sollte.*

*Mit 204.000 Mark war der Turbo 3,6 wesentlich preiswerter als der Turbo S – bei annähernd vergleichbarer Leistung.*

S-UV 333

*So gleich und doch so verändert: Evolution von 30 Jahren Porsche 911.*

# 1994-1998

# Mit neuem Mut: Baureihe 993

## Mit neuem Mut

Wendelin Wiedeking wusste, dass er nur wenig Zeit zum Handeln hatte und gleichzeitig das Unternehmen sanieren und eine Zukunftsvision erarbeiten musste. Sein erklärtes Ziel war es, das Kostenniveau bei Porsche bis 1995 um mindestens 30 Prozent zu senken. So verordnete er im Geschäftsjahr 1992/1993 insgesamt 86 Tage Kurzarbeit und reduzierte die Belegschaft um 1500 Mitarbeiter – 1994 wurde der Manager-Stab gar um 40 Prozent reduziert.

*Wendelin Wiedeking sollte ab Herbst 1992 den kriselnden Sportwagenhersteller sanieren. Nur wenige trauten das dem 40-Jährigen zu und spekulierten auf eine baldige Übernahme.*

Der neue Porsche-Chef hatte aber auch Glück, dass zu seinem Amtsantritt bereits Entscheidungen gefallen waren, die sich für die Zukunft des Sportwagenherstellers als wegweisend herausstellen sollten. So weckte die Boxster-Studie auf der Detroit Motor Show im Januar 1993 Erinnerungen an den glorreichen 550 Spyder und nährte Hoffnungen auf einen günstigen und trotzdem „echten" Porsche. Außerdem stand ein in vielen Punkten verbesserter Nachfolger des 964 in den Startlöchern. Und die Weissacher Entwicklungsabteilung hatte bereits mit den Arbeiten für einen radikal neuen 911-Nachfolger begonnen.

Der nach dem Boxster zweite Paukenschlag des Jahres 1993 erfolgte auf der IAA im September. Nur fünf Jahre nach der Vorstellung des 964 war ein neuer Porsche 911 zu sehen. Weil der Klassiker inzwischen wieder mehr als 50 Prozent der Gesamtproduktion ausmachte, hing vom Erfolg des neuen Modells nicht weniger als die Existenz des Unternehmens ab. Eins mussten die Besucher der Frankfurter Messe den Managern in Stuttgart attestieren: den Mut, zum ersten Mal in der 30-jährigen Geschichte der Sportwagen-Ikone tatsächlich eine neue Formensprache gewagt zu haben. Ihn trotzdem 911 zu nennen, war den Marketing-Strategen besonders wichtig gewesen – durch die Gazetten war lange der Projektname 993 als Typenbezeichnung geirrt.

## „Agilität" als Leitbild

Der 993 sollte eine Philosophie wiederbeleben, von der man sich mit dem 964 fast verabschiedet hatte: Ihm hatte man stets vorgeworfen worden, sich zwar „deutsch", aber nicht mehr wie ein echter Porsche anzufühlen. Das untersteuernde Fahrverhalten des Carrera 2 und Carrera 4 war heftig kritisiert worden. Die Kritik hatte man intern ernst genommen, und Porsche Technik-Chef Ulrich Bez beauftragte Renn-Ingenieur Peter Falk, in möglichst klar umrissenen technischen Dimensionen auszudrücken, was das Porsche-Gefühl eigentlich ausmacht. „Agilität" war der Leitbegriff des 20-seitigen Papiers, das Falk im Juni

*Die Boxster-Studie wurde in Detroit 1993 begeistert aufgenommen und ließ die Hoffnung auf die Zukunft wieder wachsen.*

***Der 993 war technisch nochmal komplett überarbeitet worden. Vor allem aber durften die Porsche-Designer jetzt auch Hand an die Form des Klassikers legen.***

1990 vorgelegt hatte. Das Papier definierte Kriterien für Lenkverhalten, Nicken, Gieren, Beschleunigen und Bremsen, beschrieb aber auch den Innenraum eines typischen Porsche: „Ein Sportwagen sollte nicht das Innengefühl eines Panzers vermitteln. Je freier ein Fahrer sich fühlt, je besser sein Blick in alle Richtungen ist, desto agiler fühlt er sich und desto agiler kommt ihm das Auto vor." Das Falk-Papier sollte die „Bibel" für die 993-Entwicklung werden, dessen Fahreigenschaften sich deutlich von denen des 964 unterscheiden sollten.

Die Grundform blieb unverändert – auch der 993 war auf Anhieb als Porsche 911 zu erkennen. Aber die hinteren Kotflügel waren deutlich voluminöser ausgestellt, was dem Karosseriekörper eine aufregende Taillierung verlieh, die vorher nur dem Turbo vorbehalten war. Erstmals überhaupt war die Kotflügel-Kontur des Ur-Typs angetastet worden. Die Front zeigte sich deutlich geglättet, und die Kotflügel waren stärker in den Verlauf der Haube integriert. Erreicht hatten die Designer diese optische Wirkung auch durch ein Anheben der Haube um 40 mm, was gleichzeitig den Kofferraum um 20 Prozent vergrößerte.

***Vor allem die abgeflachten Kotflügel brachen mit der Tradition – fanden aber einhellige Zustimmung.***

Vor allem aber waren die Kotflügel abgeflacht und wesentlich weicher in ihrer Kontur geraten, während sich die Scheinwerfer nun leicht nach hinten neigten. Neue Lichttechnologien mit Polyellipsoid-Abblendlicht und -Fernlicht hatten dies ermöglicht. Positiver Nebeneffekt: Ein- und Ausbau der Scheinwerfer waren

*Porsche-Evolution von 1948 bis 1994: Der 993 sorgte für einen erheblichen Modernisierungsschub.*

*Das neu gegliederte Heck mit durchgehendem Leuchtenband stieß ebenso auf breite Zustimmung.*

nun deutlich einfacher, da sie sich nach vorn herausziehen ließen. Die neue Front, die sich optisch an die des 959 anlehnte, verbesserte auch die Aerodynamik nochmals deutlich – ebenso wie die nun bündig eingepassten Seitenscheiben. Das Heck zeigte sich ebenfalls stark überarbeitet und wirkte mit neuer Leuchteneinheit und in die Karosseriekontur integriertem Stoßfänger deutlich kräftiger und harmonischer.

## Fortschritt auch unterm Blech

Von seinem Vorgänger unterschied sich der 993 nicht nur optisch. Abermals hatten die Entwickler nahezu 80 Prozent aller Teile neu konstruiert. So war beispielsweise die Torsionssteifigkeit der Karosserie bei gleichem Gewicht durch den Einsatz hochfester Stähle um mehr als 20 Prozent erhöht worden, was vor allem die Crash-Sicherheit deutlich verbesserte.

Auch den Motor hatten sich die Techniker zur Brust genommen und Kolben, Pleuel und Ventile erleichtert sowie erstmals einen hydraulischen Ventilspielausgleich spendiert. Die Doppelrohr-Auspuffanlage mit zwei getrennten Katalysatoren war eine Konzession an erneut verschärfte Lärm-Vorschriften. Insgesamt führten die motorischen Maßnahmen nicht nur zu einem tieferen Auspuffgeräusch, sondern auch dazu, dass statt 250 PS nun 272 PS bei 6100/min anlagen. Das maximale Drehmoment war erneut gewachsen: 330 Nm standen nun bei 5000/min zur Verfügung. Seine Kraft übertrug der Boxer über ein Sechsgang-Getriebe an die Hinterräder – wobei es optional weiterhin den Carrera 4 mit Allradantrieb geben sollte. Der sechste Gang war nach Meinung der Techniker notwendig geworden, um den breiten Geschwindigkeitsbereich bis 270 km/h abzudecken – aber auch, um dem Porsche 911 Carrera (der auf die „2" in der Typenbezeichnung verzichtete) in den nun kür-

*272 PS leistete der überarbeitete Boxer mit unverändert 3,6 Litern Hubraum.*

zer übersetzten unteren Gängen noch mehr Lebendigkeit als bisher einzuhauchen. Die inzwischen beliebte Tiptronic wurde weiter angeboten.

Weitere Verbesserungen galten dem Fahrwerk: Die Hinterachse war im Sinne der Agilität und als Reaktion auf die Kritik an der polternden 964-Achse eine komplette Neukonstruktion. Die von den Porsche-Fahrwerkstechnikern „LSA-System" getaufte Mehrlenker-Hinterachse war ein Überbleibsel des gescheiterten Viersitzer-Projekts 989 und bestand aus vier Lenkern auf jeder Seite, die sich auf einen eigenen Fahrschemel abstützten. „LSA" stand für Leichtbau, Stabilität und Agilität – tatsächlich sorgte die neue Hinterachse nicht nur für weniger Gewicht bei mehr Steifigkeit, sondern auch für deutlich verbesserte Handling-Eigenschaften und eine gutmütigere Charakteristik im Grenzbereich. Besonders positiv aus Sicht der Kostenanalytiker, die in jener Zeit jeden Stein in Zuffenhausen herumdrehten, war, dass sie sich einfacher und damit günstiger produzieren ließ. Neu waren auch ein Automatisches Brems-Differenzial (ABD) sowie eine elektronische Traktionshilfe, die auf Wunsch lieferbar war und ein durchdrehendes Antriebsrad automatisch abbremste.

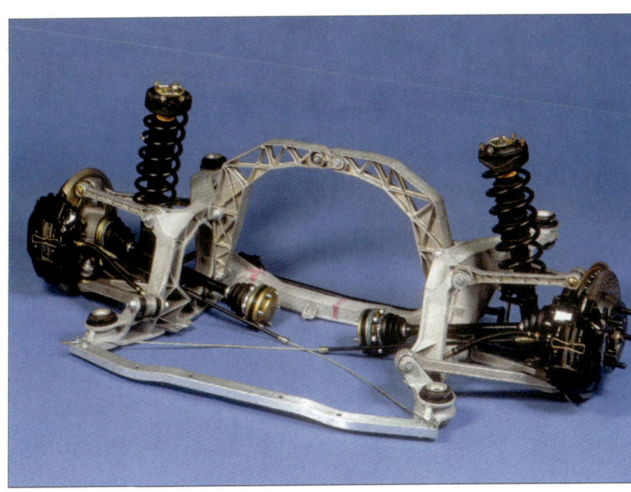

*Vor allem die LSA-Achse sorgte für ein deutliches Plus bei Fahrdynamik und Agilität.*

Der Innenraum zeigte sich ebenfalls verändert – wenngleich er auf Anhieb als 911-Cockpit zu erkennen war. Als wesentlichste Änderung fiel das eleganter gestylte Lenkrad mit serienmäßigem Airbag auf. Außerdem hatte man sich die Mühe gegeben, all die Schalter, die sich in 30 Jahren mit neu hinzugekommenen Features mehr oder weniger wahllos auf dem Armaturen-

***Auch das Cockpit zeigte sich deutlich aufgeräumter und in der Anordnung der Funktionen klarer sortiert als beim Vorgänger.***

brett verteilt hatten, zu ordnen und in ein System zu bringen. Die klassischen fünf Rundinstrumente blieben jedoch unverändert.

Das neue Design und die erneut verbesserte Technik erregten weltweit Begeisterungsstürme – auch wenn 911-Puristen es bisweilen als unnötige Anpassung an den automobilen Zeitgeist bezeichneten. „Der neue Neunelfer ist noch aufregender geworden", urteilte Eckhard Eybl in *auto motor und sport*. Das sei längst nicht selbstverständlich in einer Zeit, in der „technische Verbesserungen fast automatisch eine Kante Sinnlichkeit wegfeilen und Beinahe-Perfektion die Lust am Fahren ausradiert." Die positive Resonanz auf den Neuen war für die neue Porsche-Führung wichtig – mindestens ebenso wichtig aber war, dass die internen Ziele mit dem 993 erreicht worden waren: Statt 125 Stunden benötigten die Werker in Zuffenhausen nur noch 85 Stunden, um einen Elfer fertigzustellen. Gleichzeitig attestierten die internen Qualitätsmessungen eine Verbesserung um 15 bis 20 Prozent. Der benötigte Montageplatz pro Fahrzeug reduzierte sich um 21 Prozent, und die Lagerhaltungskosten waren gar um 43 Prozent gefallen. Erreicht wurden diese Verbesserungen unter anderem durch den Einsatz japanischer Fertigungsspezialisten, die im Schwäbischen den kaizen-Prozess (= kontinuierliche Verbesserung) einführten.

***Die hinteren Sitzlehnen ließen sich weiterhin nach vorn klappen.***

*Dank neuer Produktionsmethoden konnte erheblich Zeit gespart werden – bei deutlich besserer Qualität.*

*Die Ähnlichkeit mit dem Technologieträger 959 ist aus dieser Perspektive unverkennbar.*

*Der Porsche 911 der Baureihe 993 wurde von Anfang an begeistert aufgenommen und gilt auch heute noch als ein Highlight der 911-Historie.*

205/50 ZR 17
GP LL 53

Mit einem Preis von 125.760 Mark war der Neue nur etwa 3500 Mark teurer als sein Vorgänger – und ersparte damit seinen Kunden den gewaltigen Preisschritt, den man vom Carrera 3,2 auf den Carrera 2 gemacht hatte. Die Begeisterung, die der 993 in der Fachpresse ausgelöst hatte, spiegelte sich in der Zahl der Bestellungen wider: Fast 40 Prozent betrug der Anstieg für den 993 gegenüber dem Vorjahr.

***Das Cabrio erhielt einen Plastikbügel über der Motorhaube, in dem die in manchen Märkten obligatorische dritte Bremsleuchte integriert war.***

## 993 Cabrio

Die Einführung des neuen Porsche 911 verlief stufenweise. So wurden etwa die Cabrios des alten Modells noch bis Dezember 1993 produziert, Turbo und Carrera RS 3,8 gar bis Februar 1994.

Ein neues Cabrio wurde der internationalen Presse im März 1994 vorgestellt. Anders als der Vorgänger war es in den USA wieder als 2+2-Sitzer zugelassen und verfügte als Weltneuheit

***Dank geänderter Gurtführung war das Cabrio in den USA wieder als Viersitzer zugelassen.***

über ein Windschott, das sich beim Öffnen des Verdecks automatisch aufstellte. Die erneute Zulassung als 2+2-Sitzer hatte einigen konstruktiven Aufwand erfordert. Alle gesetzlichen Anforderungen hinsichtlich Lage, Kraftaufnahme und der Verformung des Rückhaltesystems, die in den USA, Kanada und Australien gestellt wurden, konnte man erst ab Modelljahr 1995 erfüllen. Möglich war dies durch einen speziell konstruierten Gurtdom aus Stahl, der zwischen den Fondsitzen angebracht war. Der Gurtdom diente als oberer Anlenkpunkt der hinteren Sicherheitsgurte. Seine Struktur wurde von einem Schaumteil umgeben, das mit dem Leder oder Kunstleder der Innenausstattung bezogen war. Dadurch integrierte sich der Gurtdom harmonisch in den Innenraum – die Rücksitzlehnen waren jedoch nicht mehr umklappbar.

## 1995: Wieder mit Turbo

Der 993 hatte sich bald erfolgreich am Markt etabliert und Porsche wieder flott gemacht. Und das, obwohl es mehr als ein Jahr lang keinen Turbo mehr als Zugpferd gegeben hatte. Das sollte sich im April 1995 ändern. Dass der neue Porsche 911 Turbo stärker würde als sein Vorgänger, hatte das Fachpublikum erwartet – nicht aber, um wieviel das sein würde: Mit 408 PS übertraf der neue Turbo gar die Leistung des alten Turbo S um satte 27 PS und setzte auch beim Drehmoment mit 540 Nm einen neuen Bestwert. Entscheidender als die nackte Leistung des Turbo oder die Tatsache, dass nunmehr zwei Lader für die Zwangsbeatmung des 3,6-Liter-Aggregats sorgten, war aber, dass der Turbo nun serienmäßig über den Allradantrieb des Carrera 4 verfügte. Damit gehörten Traktionsprobleme der Ver-

*Mit 408 PS fiel die Leistungssteigerung gegenüber dem Vorgänger drastisch aus: Der Turbo wurde im April 1995 vorgestellt.*

*Zwei statt einem Turbolader waren nicht nur für die Mehrleistung verantwortlich, sondern halfen auch, das Turboloch zu eliminieren.*

*Der Turbo kam ab der Baureihe 993 obligatorisch mit dem Allradantrieb des Carrera 4 auf den Markt.*

*Ebenfalls wieder aufgelegt ab Mitte 1995: Der Carrera RS 3,8 mit 300 PS Saugmotor – in Rot in der „Clubsport"-Variante*

*Die Clubsport-Variante des Carrera RS 3,8 war am größeren Heckflügel erkennbar.*

gangenheit an, und die gewaltige Leistung konnte unter nahezu allen Bedingungen auf die Straße gebracht werden. Mit 292 km/h rückte der 993 Turbo noch näher an die 300 km/h-Marke heran und ließ sich – auch dank der besseren Traktion – in nur 4,3 Sekunden aus dem Stand auf 100 km/h beschleunigen.

Seinen Charakter als Komfort-Sportler hatte der Turbo sogar noch stärker akzentuiert. Die beiden Lader verbesserten das Ansprechverhalten und eliminierten das Turbo-Loch, nach dessen Durchschreiten ungeübte Piloten bislang von unerwarteten Kraftausbrüchen überrascht und an die Grenzen ihrer fahrerischen Möglichkeiten geraten waren. In Kombination mit Allrad gewährte der 993 Turbo nicht nur einen komfortablen, sondern einen ebenso narrensicheren Antrieb. Es gab zwar mehr Schub als jemals zuvor – er wurde jedoch in sanfterer Form dargereicht.

***Auch der Carrera 4S verfügte über den breiten Look des Turbo-Modells – kombiniert mit dem 272 PS-Motor aus dem Carrera 4.***

***Der Carrera S kombinierte geschickt den breiten Turbo-Look mit dem Antriebsstrang des „normalen“ Carrera.***

*Für viele Enthusiasten ist der 993 die formale Krönung der luftgekühlten 911-Modelle.*

Die mit dem 964 eingeführte Variantenvielfalt wollte man beibehalten: Im zweiten Lebensjahr gab es nicht nur den Turbo als Neuheit. Auch die Leichtbau-Version Carrera RS wurde wieder angeboten – mit nahezu unverändertem 3,8-Liter-Aggregat aus dem Vorgänger und satten 300 PS. Neu als reguläres Modell war dagegen der Carrera 4S, der die Optik des Turbo-Modells mit dem Allradantrieb und dem Aggregat des Carrera 4 kombinierte. Lediglich auf den Turbo-Flügel mussten Kunden des Carrera 4S verzichten – womit das Rezept für dieses Modell exakt jenem entsprach, das man für das Sondermodell „30 Jahre Porsche 911" zwei Jahre zuvor bereits offeriert hatte.

Mehr Schein als Sein warfen Technik-Puristen dem Carrera 4S vor. Viele Kunden goutierten jedoch den Ansatz. So viele, dass es mit dem Carrera S ein Jahr später exakt das gleiche Angebot für die heckgetriebene Version gab – und damit ein ähnliches wie den Turbo-Look aus den Siebzigern.

## Höchste Evolutionsstufe: GT2

Dass die Stuttgarter nicht nur das Spiel mit den Baukasten-Modulen beherrschten und auf die optische Aufwertung der Saugmotor-Varianten durch Turbo-Optik setzten, bewies ab April 1995 der Carrera GT2. Als kompromissloses Basisfahrzeug für den Motorsport unterbot er das Gewicht des Turbo um satte 200 Kilogramm, während sein 3,6-Liter-Turbotriebwerk nochmal 22 PS mehr freisetzte als der „normale" Turbo. Dass der Carrera GT2 mit seinen 430 PS ausschließlich die Hinterreifen malträtierte, freute hartgesottene Porsche-Fans. Beim brachialen Einsatz von 540 Nm, die durch keine Traktionskontrolle oder andere Maßnahmen beschränkt wurden und auch im dritten Gang die Hinterräder zum Durchdrehen brachten, trennten sich Jünglinge von echten Kerlen: Der 911 Carrera GT2 wollte gezähmt sein. Das notwendige Taschengeld von 276.000 Mark musste allerdings erst einmal aufgebracht werden. Wer dazu in der

*Der GT2 trieb die Leistungsexplosion auf die Spitze: 430 PS wurden auf die Hinterräder losgelassen.*

*Alter Name – neues Konzept: Auf der IAA 1995 wurde der Targa präsentiert.*

Gewichtsersparnis um fast jeden Preis: Wer 276.000 Mark locker machen konnte, durfte trotzdem die Fenster mit der Hand kurbeln.

Lage war und eine freie Autobahn fand, der konnte Aufnahme in den exklusiven 300 km/h-Club finden. Mit der Werksangabe von 297 km/h war es nur noch eine Frage von etwas Rückenwind, um diese Schallmauer – erstmals mit einem serienmäßigen Porsche 911 – zu knacken.

Evolution und Ausdifferenzierung gingen aber weiter: Der Targa, konzeptionell seit 1966 nahezu unverändert, aber durch das Cabriolet seit 1983 immer unbedeutender geworden, war mit dem Ende des 964 sanft entschlafen. Auf der IAA 1995 feierte er jedoch eine unerwartete Wiederauferstehung. Freilich war nur der Name geblieben – das Konzept hatte sich geändert. Auf den klassischen Bügel und das herausnehmbare Dachteil musste man beim neuen Porsche Targa verzichten. Stattdessen hatten die Zuffenhausener dem neuen Spross ein großflächiges Panorama-Glasdach spendiert, das sich zurückfahren ließ und so gesteigertes Frischluft-Vergnügen ermöglichte. Der so entstehende Dachausschnitt war immerhin annähernd so groß wie beim alten Konzept. Im Gegensatz zu dessen aufwändiger – um nicht zu sagen: fummeliger – Handhabung, die sich seit den Sechzigern nicht entscheidend geändert hatte, ließ sich die Dachkinematik des neuen Targa äußerst komfortabel per Knopfdruck bedienen. Ein textiles Sonnenrollo schützte vor allzu starker Sonneneinstrahlung. Als Basis für den Targa verwendete Porsche die Rohkarosserie des Cabriolets, die allerdings mit Aufnahmepunkten für das Glasdach modifiziert war. Das Mo-

Vor der Sonneneinstrahlung konnten sich die Targa-Piloten mit einer Jalousie schützen, ...

*... dank Panoramadach das lichte Gefühl des Targa-Innenraums genießen, ...*

*... oder aber das Dach zurückfahren lassen. Die Dachöffnung entsprach etwa der der alten Targa-Modelle.*

dul aus drei Glaselementen, Windabweiser und beweglichem Dach sowie der Heckscheibe wurde komplett vormontiert ans Band geliefert und mit der Karosserie durch Verschrauben und Verkleben sicher fixiert. Mit 145.000 Mark war der Porsche 911 Targa knapp 12.000 Mark teurer als das Coupé, aber knapp 6000 Mark billiger als das Cabrio. Das Rezept sollte sich bewähren: Am Targa halten die Zuffenhausener bis heute fest.

allem im mittleren Drehzahlbereich lagen die Werte der neuen Ausbaustufe um durchschnittlich fast 40 Nm höher, was auf das Konto eines neuen, variablen Ansaugsystems mit Namen „Varioram" ging. Dass gleichzeitig der Verbrauch vor allem im Teillastbereich deutlich reduziert wurde, stellte den Motorentechnikern ein besonders gutes Zeugnis aus.

*Zum Modelljahr 1996 wurde die 993-Baureihe nochmal aufgefrischt. Das Basis-Aggregat leistete fortan 285 PS. Neues Top-Modell: Der Turbo S mit 450 PS.*

1995 war Porsche endgültig wieder auf der Überholspur: 18.000 Porsche 911 wurden verkauft. Der 993 hatte sich zum absoluten Erfolgstyp entwickelt und Porsche aus der Krise geführt. Anfang 1996 verkündete Wendelin Wiedeking erstmals wieder einen Gewinn fürs abgelaufene Jahr. Neben dem steigenden 911-Absatz und den Kostenreduzierungen in der Produktion hatte hierzu die Einstellung der Frontmotor-Typen 968 und 928 beigetragen. Ab 1996 sollte der 911 aber nicht mehr die ganze Last des Unternehmens auf seinen Schultern tragen. Die Boxster-Studie, die 1993 für Furore gesorgt hatte, stand – stark verändert – unmittelbar vor ihrer Markteinführung.

## Frischzellenkur

Dem 993 war zuvor, im Herbst 1995, noch eine Frischzellenkur verordnet worden. Vergrößerte Ein- und Auslassventile hatten die Leistung des 3,6-Liter-Boxers auf 285 PS anwachsen lassen. Drehmoment-Freaks durften sich über 10 Nm mehr freuen. Vor

War es das? Nicht ganz. Zum Schluss nämlich wollten die Weissacher sich und ihrer Sportwagen-Ikone noch mal ein Denkmal setzen. Eine leistungsgesteigerte Turbo-Variante, der 911 Turbo S 3,6, wurde im November 1997 aufgelegt, als sich die letzten luftgekühlten Elfer mit ihren wassergekühlten Nachfolgern bereits das Fließband teilen mussten. 450 PS hatten die Motorenentwickler aus der allerletzten Evolutionsstufe des 3,6-Liter-Boxers gekitzelt, der auch im GT2 verbaut wurde. Bis April 1998 fanden sich 160 Kunden, die bereit waren, für den ersten Porsche 911, der als Werksangabe eine Höchstgeschwindigkeit von 300 km/h ausweisen konnte, 304.650 Mark zu zahlen. Wahrhaftig die Krönung einer fast 35-jährigen Geschichte.

## Neue Zeichen am Horizont

Wie lautet der Spruch? Wenn es am Schönsten ist, soll man aufhören! Genau das fürchteten viele 911-Fans. Die Einführung des Boxster mit seinem wassergekühlten Sechszylinder-Boxer

*Der Porsche 911 Turbo S von Wolfgang Porsche vor dem Familiendomizil im österreichischen Schüttgut.*

und das immer wieder von Wiedeking vorgetragene Credo für zwei Baureihen, die sich technische Komponenten teilen sollten und somit rationell herzustellen wären, machte ihnen unmissverständlich klar, dass man auch in Zuffenhausen längst diese Devise ausgegeben hatte. Mit dem 993 hatte der luftgekühlte Porsche 911 einen Reifegrad erreicht, der nicht mehr zu toppen war – was heute dazu führt, dass die letzten Porsche 911 dieser Baureihe extrem begehrte Gebrauchtwagen sind. Die Lehren der Geschichte aus 964 und 993 hatten aber gezeigt, dass nicht nur graduelle, sondern substanzielle und ständige Verbesserungen notwendig waren, um das mittlerweile über 30-jährige Konzept jung zu halten. Nicht das Festhalten an Bewährtem, sondern das Abschneiden heiliger Zöpfe hatte dem 993 den Weg zum Erfolg gewiesen.

Im März 1998 sollte sie unwiderruflich zu Ende sein – die Ära der luftgekühlten Porsche-Modelle, die einst in Gmünd 50 Jahre zuvor begonnen hatte. Nicht die einzige Ära, die zu Ende ging: Am 27. März 1998 starb Ferry Porsche, Vater aller Porsche-Modelle, im Alter von 88 Jahren. Hartnäckig hält sich die Legende, dass dies genau an jenem Freitag geschah, als im Motorenwerk der letzte luftgekühlte Boxer montiert wurde.

*Abschied nach 35 Jahren: Der letzte luftgekühlte 911 im März 1998.*

1997-2004

# Der größte Schritt: Baureihe 996

## Der größte Schritt

Ohne den 993 hätte es den 996 nicht geben können. Was wie eine banale Erkenntnis klingt, sagt in Wirklichkeit viel über die Lektion, die man in Zuffenhausen gelernt hatte: Das Charisma des 911 würde man auch dann erhalten, wenn das Konzept in mutigeren Schritten den Anforderungen der Moderne angepasst würde. Und hätte man die Fans aus aller Welt mit dem 993 nicht bereits schonend auf diesen Paradigmenwechsel vorbereitet, wäre der 996 wohl ein noch größerer – und vielleicht nicht mehr hinnehmbarer – Kulturschock gewesen als er dies ohnehin war.

*Er läutete im Herbst 1996 ein neues Zeitalter bei Porsche ein: Der Boxster war der erste Zuffenhausener Sportwagen mit Wasserkühlung.*

September 1997, Frankfurt/Main, IAA: Weltpremiere des ersten komplett neuen Porsche 911

Die Grundproportionen hatte man vom Vorgänger übernommen.

Ein weiteres Ereignis hatte dem 996 den Weg geebnet: die Präsentation des Porsche Boxster im Herbst 1996. Drei Jahre zuvor hatte die Studie auf der Detroit Motor Show begeistert und die Erwartungen sehr hoch gehängt. Der Serien-Boxster, der mit wenig mehr als 75.000 Mark das Porsche-Fahren wieder in erschwinglichere Dimensionen führen sollte, zeigte sich in etwas unvorteilhafteren Proportionen als die Studie und wurde von gusseisernen 911-Fans nicht selten als „zu japanisch" abgelehnt. Aber im Gegensatz zum 914 oder den glücklosen Frontmotor-Typen wurde ihm schon im ersten Test bescheinigt: „Der etwas kühle Empfang wird eine anhaltende Freundschaft mit dem neuen Spross des Hauses nicht verhindern können. Dazu steckt zu viel Porsche drin."

Was vor allem am Motor lag: In dem Mittelmotor-Roadster hatte der neue, wassergekühlte Sechszylinder-Boxer seine erste Bewährungsprobe zu bestehen. Und er bestand sie, laut *auto motor und sport*, mit Bravour: „Der neue und doch klassische Sechszylinder-Boxer ist ein Gedicht. Der Wechsel von Luft zu Wasser als Kühlmittel verhilft ihm zu gehobener Laufkultur, aber sein Talent zur vokalen Leistungsentfaltung hat er nicht verloren. Das reicht von einem Piano capriccioso im Leerlauf bis zum Fortissimo furioso bei 6700/min, wo der Drehzahlbegrenzer dem akustischen Genuss erst mal ein Ende macht – vorzeitig, wie es scheint, denn so locker, wie dieser Motor hochdreht, hätte er mindestens 500 Umdrehungen mehr verdient." 16.000 Boxster im ersten Jahr schienen den Porsche-Managern Recht zu geben.

Aber der Boxster war ein komplett neues Auto, das keinen Vorgänger und kein schweres Erbe als Bürde zu tragen hatte. Der Boxster hatte sich in der neu entstandenen Roadster-Klasse zwischen Mercedes SLK und BMW Z3 schnell die unangefochtene Rolle des echten Sportwagens erkämpft. Die bange Frage war: Wie würden die treuen 911-Fans auf Wasserkühlung und ein vollkommen neues Design reagieren?

Ein Jahr nach der Präsentation des Boxsters war es so weit: Unter der Projektnummer 996 hatten die Porsche-Techniker seit 1992 an einem vollkommen neuen 911 gearbeitet, der nicht nur mit technischen Konventionen brach, sondern auch die Dimensionen des Heckmotor-Sportwagens grundlegend veränderte. Im Herbst 1997 wurde der neue Porsche 911 auf der IAA der Weltöffentlichkeit vorgestellt.

## Der Tabubrecher

Echte 911-Fans wussten nicht, worüber sie sich mehr aufregen sollten: Über die frappierende Ähnlichkeit mit dem Boxster-Gesicht und dessen Scheinwerfern, deren Kontur und Farbgebung manch einen an Spiegeleier erinnerten? Die modische Gestal-

*In Detaillösungen wie den Scheinwerfern – die es in gleicher Form auch für den Boxster gab – wurden neue Wege gegangen, die nicht immer auf ungeteilte Begeisterung trafen.*

*Der nächste Tabubruch: ineinanderlaufende Skalen statt der klassischen fünf Rundinstrumente*

tung des Cockpits, das statt der klassischen fünf voneinander getrennten Rundinstrumente nun über ein Kombiinstrument aus fünf ineinander verschachtelten Skalen bestand? Oder die Länge der Karosserie, die man um fast 20 Zentimeter gestreckt hatte? Der man dabei aber die herrliche Taillierung des 993 geraubt hatte. Auch der Radstand ragte mit 2350 mm deutlich über das maximale Maß für einen Sportwagen hinaus, das Ferry Porsche einst mit 2200 mm definiert hatte. Und da war ja noch der wassergekühlte Boxer im Heck, der das eigentliche Sakrileg darstellte. Anlass zur Aufregung gab der neue 911 also genug.

*Die technischen Qualitäten des 300 PS leistenden 3,4 Liter Wasserboxers waren über jeden Zweifel erhaben.*

Nichts zu rütteln gab es freilich an seinen technischen Qualitäten. Der Wasserboxer, der aus dem 2,5 Liter-Motor des Boxster abgeleitet war und sich 38 Prozent seiner Komponenten mit diesem teilte, präsentierte sich als hochmodernes Aggregat. Mit seinem Vierventil-Zylinderkopf, verstellbaren Einlassnockenwellen und Schaltsaugrohr mit Resonanzklappe zauberte das Triebwerk aus 3,4 Litern Hubraum 300 PS bei 6800/min. Auch das maximale Drehmoment war gegenüber dem luftgekühlten 3,6-Liter-Motor des 993 nicht nur um 10 auf 350 Nm gewachsen – es stand schon bei 4600/min statt 5250/min zur Verfügung und verlängerte so das nutzbare Drehzahlband erheblich. Gleichzeitig konnten die Verbrauchswerte deutlich reduziert werden. Seine Kraft brachte der Wasserboxer entweder über ein eng gestuftes Sechsganggetriebe auf die Hinterräder oder über die Tiptronic, die jetzt über fünf Schaltstufen verfügte.

Die Fahrleistungen zeigten sich ganz 911-like: 280 km/h Höchstgeschwindigkeit und eine Beschleunigung von 0 auf 100 km/h in nur 5,2 Sekunden ließen keinen Zweifel daran aufkommen, dass auch der Wasserboxer für die sportliche Gangart bestens präpariert war.

*Das Sechsgang-Getriebe war Standard für den neuen Porsche 911.*

Aber es ging eben nicht mehr nur um Sport. Das Längenwachstum hatte man bewusst angestrebt, um mit dem 911 auch neue, größere Zielgruppen, bei denen mehr Komfort auf der Wunschliste stand, gewinnen zu können. Kunden, die man mit dem seligen 928 hatte ansprechen wollen, denen der Transaxle-Achtzylinder aber stets zu wenig porsche-typisch gewesen war und die daher bei BMW, Mercedes oder Jaguar geblieben waren. „Eine nie bekannte Raumfülle" attestierten Tester dem 911 denn auch vor allem mit Blick auf die Innenraumbreite, während ein Porsche-Pressemitarbeiter bei der Vorstellung mit unfreiwilliger Komik kommentierte: „Man passt jetzt wieder mit Hut rein." Der aufgebrachte Kommentar eines *auto motor und sport*-Lesers, der neue 911 sei „ein Bastard zwischen Boxster und 928" war jedenfalls nicht ganz von der Hand zu weisen und spiegelte – mit deutlich positiverer Konnotation – durchaus die Absichten wieder, die man in Zuffenhausen verfolgt hatte.

*Auf den Rücksitzen zeigte sich der neue 911 großzügiger als sein Vorgänger.*

Die Alltagstauglichkeit profitierte unter anderem vom deutlich größeren Gepäckraum, der nun auch handelsüblichen Hartschalenkoffern Platz bot. Zusammen mit der geräumigeren Ablage im Fond übertraf der neue 911 damit in Sachen Ladevolumen die meisten seiner Wettbewerber. Und weil für eine lange Reise auch der Temperaturkomfort wichtig ist, zeigte sich der

*Ein Flight-Case ließ sich im Gepäckraum des 911 endlich locker unterbringen.*

wassergekühlte Boxermotor, der endlich optimale Voraussetzungen für eine Heizung mit hoher und konstanter Wirkung bot, bestens gerüstet.

## Sicherheit: aktiv und passiv

Aber nicht nur in der Komfort-Wertung sollte der neue Porsche 911 seinen Vorgänger übertrumpfen. Während der gesamten Entwicklung war es das Bestreben der Porsche-Techniker gewesen, einen maximalen Standard an aktiver und passiver Sicherheit zu verwirklichen.

Eine Spitzenposition in aktiver Sicherheit kam dem 996 zu, weil er in beispielhafter Weise hohe Leistung und die damit mögliche Geschwindigkeit beherrschbar machte. Dies war zum großen Teil ein Verdienst des konsequent weiterentwickelten Fahrwerks. Seinen hervorragenden Geradeauslauf bei hohem Tempo verdankte der neue 911 aber auch dem verlängerten Radstand und einer gründlich geänderten Lenkgeometrie. Ein ausgeprägt gutmütiges Eigenlenkverhalten bis an den Grenzbereich beim Kurvenfahren war das Ergebnis einer elastokinematischen Vorspurkorrektur an beiden Achsen, die eine Neigung zum plötzlichen Übersteuern erfolgreich unterband.

*Auch den 996 gab es ab Herbst 1998 wieder in der allradgetriebenen Carrera 4-Version.*

Eine weitere, sehr wichtige Rolle spielten die vier großzügig dimensionierten, innenbelüfteten Scheibenbremsen mit Vierkolben-Monoblock-Bremssätteln. Dieses Bremssystem sorgte für außerordentlich gute Verzögerungswerte, und selbst nach extremer Beanspruchung war kein Nachlassen der Bremswirkung messbar.

Für ein Maximum an passiver Sicherheit war die Karosseriestruktur in Festigkeit und Verformbarkeit so berechnet, dass die Verletzungsrisiken bei einem Frontal-Crash gering blieben. Sehr effektiv armierte Türen gewährleisteten ausgezeichneten Flankenschutz, Full-Size-Airbags schützten Fahrer und Beifahrer. Dazu waren erstmals Seiten-Airbags verfügbar, die mit dem großen Volumen von 30 Litern bei einem Seitenaufprall vor Verletzungen an Kopf, Brustkorb und Becken schützten.

fahrsperre war auch von Trickdieben kaum zu überlisten, weil Zündschlüssel und Zündschloss bei jedem Abschließen einen neuen Aufschließcode definierten. Die serienmäßige Alarmanlage registrierte jedes Eindringen in den Innenraum und schlug sofort an.

Die Bemühungen um mehr Komfort und Sicherheit waren dem Ziel geschuldet, größere Kundengruppen zu erreichen. Kunden, die einen Porsche 911 auch als Geschäftswagen einsetzen würden und dafür ein hohes Maß an Alltagstauglichkeit erwarteten. Für dieses Ziel hatte man sich sogar von lieb gewonnenen Schrulligkeiten wie den stehenden Pedalen getrennt.

Unterschiedliche Pakete und Fahrwerksauslegungen sollten dazu beitragen, ein möglichst großes Kundenspektrum abzu-

***Die Unfallsicherheit hatte bei der Karosserieentwicklung eine entscheidende Rolle gespielt.***

Der Sicherheitsbegriff hatte aber in den Neunzigern auch eine ganz andere Bedeutung bekommen. Vor allem der Wegfall des Eisernen Vorhangs hatte die Zahl der Fahrzeugdiebstähle sprunghaft steigen lassen. Und Porsches zählten stets zu den bevorzugten Objekten professionell organisierter Diebesbanden. Wirkungsvolle Maßnahmen gegen Diebstahl und Einbruch waren daher erklärtes Entwicklungsziel. Die serienmäßige Weg-

decken. So ließen sich bereits bei der Bestellung Schwerpunkte setzen: Für Kunden, die sonst eher Limousinen bevorzugten, gab es eine komfortable Abstimmung mit 17-Zoll-Rädern. Wer sportliches Fahren auf guten Straßen bevorzugte und gelegentlich auch auf Rennstrecken unterwegs sein mochte, orderte das straffere Fahrwerk mit 18-Zoll-Rädern. Für „Sowohl-als-auch"-Kunden gab es 18-Zoll-Räder auch ohne Sportfahrwerk.

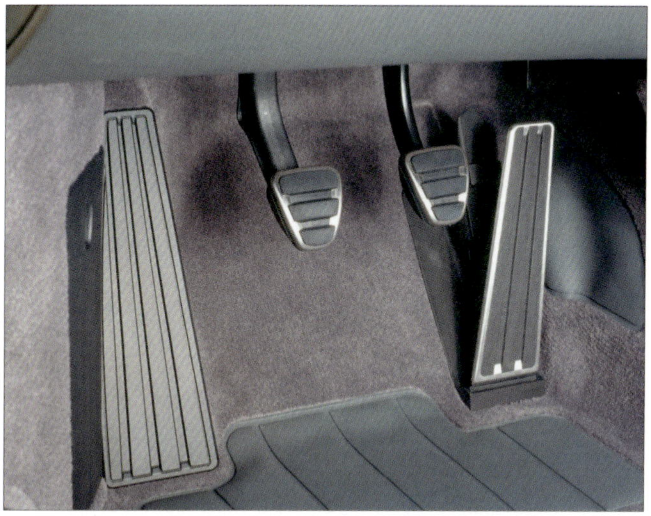

***Die hängenden Pedale waren für gusseiserne 911-Fans ein Sakrileg, lassen sich aber deutlich besser bedienen.***

Der Tradition exorbitanter Preissteigerungen bei nahezu jedem vorherigen Generationswechsel hatte man beim Schritt vom 993 auf den 996 entsagt. Mit 136.790 Mark war der neue Porsche 911 Carrera nur knapp 3000 Mark teurer als sein Vorgänger. Die erheblichen Einsparungen in Produktion und Entwicklung waren also zumindest teilweise an die Kunden weitergegeben worden.

Trotzdem war – aufgehängt an Wasserkühlung, Instrumenten, Boxster-Gesicht und stehenden Pedalen – ein heftiger Glaubenskrieg um den 996 entbrannt, der die Frage umso spannender machte, ob er denn beim Fahren das Porsche-Gefühl vermitteln und sich als legitimer Nachfolger der 911-Ahnen erweisen würde? Der Motorjournalist Mac DeMere vom US-amerikanischen Magazin *Motor Trend* gab stellvertretend für viele die Antwort: „Obwohl sich der 996 formal ganz bewusst an die

***Der 996 markiert den mit Abstand mutigsten Schritt in der 911-Historie.***

Philosophie seiner Vorgänger anlehnt und gemeinsam mit dem Boxster entwickelt wurde, mit dem er sich viele Komponenten teilt, ist der neue 911 doch eine echte, mit einem weißen Blatt Papier begonnene Neuentwicklung. Ist diese Neuentwicklung nun so neu, dass sie kein echter 911 mehr ist? Auf keinen Fall. In Sound und Fahrgefühl ist der 996 so nah bei seinen Vorgängern, dass man ihn irrtümlich für ein weiteres Remake des Originals halten könnte." Und Joe Rusz vom US-Magazin *Road & Track* ergänzte: „Der neue Carrera ist leiser, stabiler, geräumiger und komfortabler als der alte. Außerdem ist er schneller und liegt besser als sein Vorgänger. Unterm Strich ist er der beste 911 bis heute."

Mit Boxster und dem gewachsenen 911 deckte Porsche Ende 1997 nicht nur wieder ein breites Feld im Sportwagen-Segment ab, sondern beackerte dies mit zwei Fahrzeugen, die erstmals beide das typische Porsche-Gefühl vermittelten und dazu noch eine effektive Produktion zuließen. Das hatte es in der Porsche-Geschichte zuvor nicht gegeben. Der Erfolg sollte den Porsche-Managern Recht geben: Im ersten Jahr wurde der neue 911 mehr als 23.000 Mal verkauft – ein einsamer Rekord in der bis dahin 33-jährigen Elfer-Geschichte.

## April 1998: Luftkühlung für die Passagiere

Im Gegensatz zum Ur-Typ war bei der Entwicklung des neuen Modells neben dem Coupé von Anfang an ein Cabriolet vorgesehen. Dies ermöglichte eine sehr viel konsequentere Konstruktion als 15 Jahre zuvor bei der nachträglichen Öffnung des 911 SC. Im April 1998 wurde das neue 911 Cabriolet im spanischen Sevilla der Weltöffentlichkeit präsentiert.

Durch die gleichzeitige Konstruktion hatten die Silhouetten beider Varianten besser aufeinander abgestimmt werden können. Der Verlauf der Dachlinie des neuen Cabrios folgte noch exakter und eleganter dem klassischen Beispiel des Coupés. Auch der Bogen, der sich über die beiden Seitenscheiben spannte, festigte die gemeinsame Linie. Ein weiterer Vorteil ergab sich aus der konsequenteren Verfolgung des Gleichteile-Prinzips. Ein Beispiel waren die Türen, die bei allen neuen Modellen von Porsche identisch waren, und bei Boxster, Cabriolet und Coupé eine gleichermaßen geeignete, rahmenlose Scheibenführung aufwiesen.

***Im Frühjahr 1998 wurde das 911 Cabrio mit komplett neu konstruiertem Verdeck vorgestellt.***

Carrera
S PR 143

*Linke Seite: Das Verdeck ließ sich nicht nur serienmäßig elektrisch betätigen, sondern verschwand auf Knopfdruck auch unter einer in Wagenfarbe gehaltenen Abdeckung.*

Neben stilistischen Qualitäten hatte das neue Cabriolet auch praktische Vorzüge. An die Stelle des traditionellen Klappverdecks war wie beim Boxster ein innovatives Faltverdeck getreten, das sich Z-förmig zusammenlegte. Trotz der zweilagigen Ausführung ließ sich das geöffnete Verdeck dicht und klein zusammenlegen. Das Stoffdach verschwand zudem unter einer Klappe und war in geöffnetem Zustand nicht mehr sichtbar. Der offene 911 zeigte so einen schönen glatten Rücken und bot freiere Aussicht nach hinten.

Das Öffnen respektive das Schließen des Dachs erfolgte in nur 20 Sekunden elektrisch und hydraulisch. Den fließenden Ablauf der komplexen Funktionen regelte ein Mikrocomputer. Zum Öffnen oder Schließen des Verdecks standen verschiedene Möglichkeiten zur Auswahl: Die spektakulärste Zeremonie war die Dachöffnung – weltweit erstmalig – über die im Fahrzeugschlüssel integrierte Fernbedienung. Das Dach ließ sich aber auch über einen Tastschalter auf der Mittelkonsole oder durch einen entsprechenden Dreh mit dem Schlüssel im Türschloss öffnen und schließen.

## Sicherheits-Technologie fürs Cabrio

Der weltweite Roadster-Boom der Neunziger hatte dazu geführt, dass Sicherheitsdiskussionen über offene Autos wieder aufgeflammt waren. Umfangreiche Maßnahmen sollten daher den offenen 911 zu einem der sichersten Cabriolets der Welt machen. Das Cabrio profitierte von allen Sicherheitsmaßnahmen und -technologien, die man dem Coupé hatte angedeihen lassen. Eine Weltpremiere für Cabrios stellten die Seitenairbags dar, die ihre Funktion auch bei geöffnetem Dach und herabgelassenen Seitenscheiben wahrnehmen konnten.

Aber auch die am meisten gefürchtete Unfallsituation mit einem Cabriolet – den Überschlag – hatte man berücksichtigt: Besonderen Schutz gewährten zwei zwar serienmäßig installierte, aber normalerweise diskret verborgene Überrollbügel aus hochfestem Stahlrohr. Über die Notwendigkeit ihres Einsatzes befand ein Neigungssensor, der bei extremer Karosserie-Seitenneigung eine Sperre löste, worauf durch Federkraft das Ausfahren und Einklinken der Bügel in ihre Endstellung erfolgte. Versuche mit Dummies hatten gezeigt: Die Bügel in Verbindung

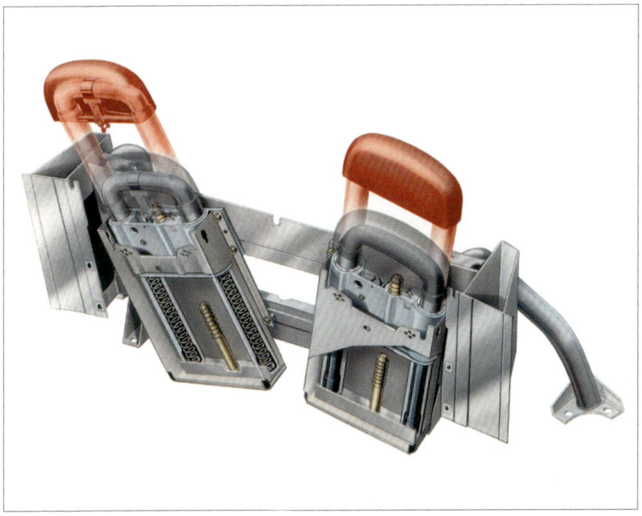

*Die hinteren Bügel wurden im Überschlagsfall pyrotechnisch ausgefahren.*

*Das Hardtop war serienmäßiger Ausstattungsbestandteil des Cabriolets und ließ sich deutlich leichter montieren als beim Vorgänger.*

mit den verstärkten A-Säulen konnten alle vier Passagiere im 911 Cabriolet vor schweren Verletzungen bewahren.

Das neue 911 Cabriolet bot darüber hinaus aber ebenso wie die geschlossene Variante Eigenschaften, die es als Geschäftswagen qualifizierten. Besitzer von anderen, mehr komfortorientierten Sport-Cabriolets sollte der neue offene 911 durch ein noch intensiveres Fahrvergnügen überzeugen. Das serienmäßige Hardtop prädestinierte ihn dabei als Sportwagen für alle Jahreszeiten.

## Mit Allradantrieb und PSM: Der Porsche 911 Carrera 4

Nach dem Cabriolet folgte im Herbst 1998 eine weitere Variante. Kunden, die bereit waren, 11.000 Mark zusätzlich zu investieren, konnten ab Oktober wieder die Vorzüge des Allradan-

Rechts: Elektronischer Unterstützer des Allradantriebs war das Porsche Stability Management (PSM).

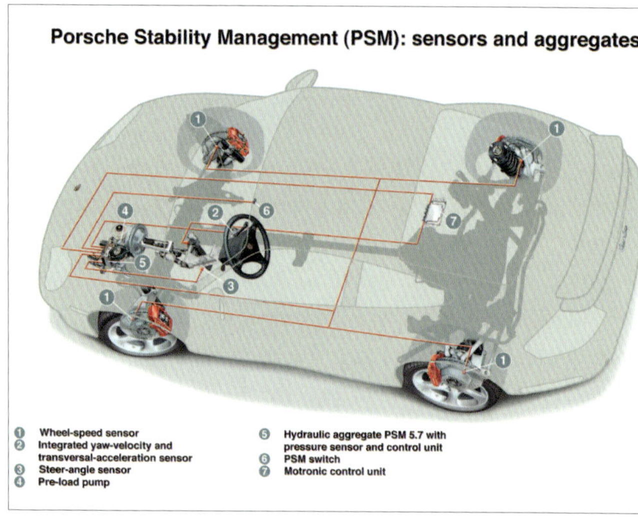

Oben: Der 996 hatte auch mit Heckantrieb enorm an Fahrsicherheit gewonnen, ließ sich aber mit dem Allradantrieb nochmals in dieser Disziplin steigern.

Rechts: Die Karosserie des 996 war deutlich verwindungssteifer als die des Vorgängers.

triebs erleben: mit dem Porsche 911 Carrera 4. In Kombination mit dem aus dem Vorgänger weitestgehend übernommenen Allrad-Antrieb – und zunächst nur dort – war die neu entwickelte Fahrdynamikregelung PSM (Porsche Stability Management) serienmäßig und sorgte für ein Fahrsicherheits-Niveau, dass man sich zu Zeiten der Heckschleuder-Ära nicht einmal in den kühnsten Träumen hätte ausmalen können. Bei Porsche hatte der Allradantrieb nie die primäre Funktion gehabt, Traktion auf verschneiten Winterstraßen zu bieten. Die Techniker aus Weissach hatten von jeher stets die Vorteile im Blick gehabt, die der Allradantrieb im Grenzbereich der Fahrdynamik bietet – einem Fahrzustand also, den Porschefahrer erfahrungsgemäß häufiger herbeiführten.

Für den 964 war der Allradantrieb seinerzeit ein Riesensprung nach vorn gewesen. Aber auch beim schon mit Heckantrieb extrem gutmütigen 996 schraubten die mit maximal 40 Prozent der Antriebskraft beaufschlagten Vorderräder die Grenzen der Physik noch etwas höher. Vor allem auf nasser Straße wurde eine nochmalige Verbesserung der Fahrsicherheit erzielt. *auto motor und sport*-Tester Gert Hack zeigte sich von der Traktion des Carrera 4 angetan: „Auf trockener, griffiger Piste muss der Fahrer schon mit an schierer Unvernunft grenzendem Optimismus aufs Gaspedal steigen, um festzustellen, dass der Carrera 4 noch neutraler und mit noch besserem Grip aus engen Kurven herausschießt als sein heckgetriebenes Pendant. Der Vierer liegt wie das sprichwörtliche Brett, auch noch bei einer Querbeschleunigung, die dem Beifahrer die Nackenhaare aufstellt."

Noch beeindruckter aber zeigte sich Hack vom Porsche-Stability-Management (PSM): „PSM macht aus einem gut liegenden Auto ein nahezu narrensicheres, der positive Einfluss auf die Fahrsicherheit ist höher einzuschätzen als der des Allradantriebs. Schieben über die Vorderachse, wie es vorkommen kann, wenn der Porsche mit wenig Antriebskraft in eine Kurve gelenkt wird, pariert PSM durch einen kurzen und kräftigen Bremseneingriff am kurveninneren Hinterrad. Wenn das Heck unter hohem Leistungseinsatz ausschwenken will, nimmt nicht nur die im System integrierte Antriebsschlupfregelung dieser Reaktion die Spitze. Wird der Schwimmwinkel (Abweichung der Längsachse von der Fahrtrichtung) zu groß, bringt Bremsen des kurvenäußeren Vorderrads den Carrera in Sekundenbruchteilen wieder auf den richtigen Kurs."

## Bestie mit Wasserkühlung: Der 911 GT3

Wenn auch die regulären Carrera-Modelle das Gros der Stückzahlen ausmachten und den kommerziellen Erfolg der Zuffenhausener absicherten, sorgten die limitierten RS- und GT-Serien doch stets für den Stoff, aus dem die Träume sind und trugen so maßgeblich zur Legendenbildung bei, die sich letztlich wieder positiv auf den Absatz des normalen Carreras auswirkte. Würde aber der domestizierte Wasserboxer sich wieder in jenes Renn-Tier verwandeln lassen, das Motorsport-Fans von einem 911 GT2 oder RS 3,8 gewohnt waren?

Im Mai 1999 wurde diese Frage hinreichend beantwortet. Der GT3 versöhnte auch Hardcore-911-Fans mit der neuen Generation. Auf den Turbolader des GT2 hatten die Techniker verzichtet, ebenso auf Fahrhilfen irgendwelcher Art. Dafür bot der GT3 ein einstellbares Fahrwerk und den kreischenden Trompetensound eines Rennmotors. Basis des 3,6-Liter-Boxermotors war das Aggregat, das Porsche in den Rennautos 962 und GT1 einsetzte. Mit 7200/min zeigte sich der Sechszylinder, der mit dem Serienmotor des 996 kaum etwas gemein hatte, drehfreudiger als jedes andere Porsche-Triebwerk. Trockensumpfschmierung, Titanpleuel und die Nockenwellenverstellung auf der Einlassseite machten den GT3 zum rennstreckentauglichen Sportwagen ab Werk. Gegenüber der im Porsche Supercup eingesetzten 911-GT3-Cup-Rennwagen war der GT3 nur so weit modifiziert, wie es für den Erhalt einer Straßenzulassung notwendig war. Überragende Stahl-Bremsen stellten sicher, dass auch nach mehreren Runden auf der Rennstrecke noch kräftiger Biss und gute Dosierbarkeit vorhanden blieben.

*Der 911 GT3 knüpfte 1999 an die Tradition der besonders sportlichen 911-Modelle an.*

*Die Gestaltung des zweiteiligen Heckflügels war Anlass für engagiert geführte Diskussionen.*

*Die Bremsen hinter den 18 Zoll großen „Sport-Design"-Felgen bezeichnete die Fachpresse als „Asphalt-Anker".*

Markantestes Merkmal des GT3 war der doppelstöckige Heckflügel, dessen Flügelneigung in sechs Stufen verstellbar war und die optimale Einstellung sowohl für normale Straßenfahrten als auch für den ausschließlichen Rennstreckeneinsatz bot. Zur Verbesserung des Luftstroms unter dem Fahrzeug war der GT3 mit einem dreiteiligen, aus Polypropylen gefertigten und mit zahlreichen Belüftungsöffnungen versehenen Unterboden ausgestattet. Die exzellenten Schalensitze waren ebenso mit Glattleder bezogen wie Schaltknauf und Lenkrad. 179.500 Mark musste Fans das Vergnügen wert sein, sich den kompromisslosen Wasserboxer in die Garage zu stellen. Und davon fanden sich mehr als vermutet: Die geplanten 1350 Einheiten waren innerhalb von zwei Monaten ausverkauft, was Porsche dazu bewegte, die Produktion bis Ende 2001 auf 1868 Exemplare zu erhöhen.

Auf Wunsch und ohne Aufpreis konnte der GT3 auch mit dem „Clubsport-Paket" bestellt werden, das die motorsportliche Bestimmung deutlich unterstrich. Clubsport-Bestandteile waren: ein mit der Karosserie verschraubter, lackierter und in die Fahrgastzelle integrierter Überrollkäfig, dessen vorderer Teil allerdings beigelegt und nicht serienmäßig montiert war, Schalensitze mit schwer entflammbarem Bezugsstoff, rote Dreipunkt-Sicherheitsgurte respektive für die Fahrerseite ein Sechspunkt-Sicherheitsgurt, eine Batteriehauptschalter-Vorrüstung sowie ein Feuerlöscher. Außerdem gab es eine Beifahrerairbag-Abschaltung sowie die Option verstärkter Türen statt der serienmäßigen Seitenairbags.

*Mit 360 PS knackte der 911 GT3 als erster Saugmotor-911 die 300 km/h-Marke und blieb auf der Nürburgring-Nordschleife als erster Seriensportwagen unter acht Minuten.*

Mit dem GT3 hatten die Zuffenhausener bewiesen, dass auch der Wasserboxer das Porsche-Gefühl in seiner reinsten Form vermitteln konnte. Er war hart und ehrlich, ein Porsche vom alten Schlag.

## Endlich wieder Turbo: Mehr Luft für den Wassergekühlten

Nach Cabrio, Carrera 4 und GT3 fehlte eigentlich nur noch eine Variante im 911-Programm, um das Line-Up komplett zu machen: der Turbo. Die fünfte Generation des 911-Top-Modells wurde im Frühjahr 2000 vorgestellt. 420 PS leistete das mit VarioCam Plus ausgerüstete 3,6-Liter-High-Tech-Aggregat und katapultierte den Fahrer dank zweier parallel geschalteter Turbolader aus dem Stand in 4,2 Sekunden auf 100 km/h. Die 200 km/h-Marke erreichte er nach 14,4 Sekunden. Luft- und Rollwiderstand setzten dem Vorwärtsdrang erst bei 305 km/h ein Ende. Vor allem die Elastizitätswerte ließen die Kraft erahnen, über die der Elfer mit Turbo-Technik verfügte: Die Beschleunigung von 80 auf 120 km/h absolvierte er im fünften Gang in genau fünf Sekunden und zwischen 2700/min und 4600/min konnte der Fahrer des Porsche Turbo auf einer Drehmomentwelle von 560 Nm reiten.

*Das 3,6-Liter-Aggregat mit zwei parallel geschalteten Turboladern sowie Vario Cam Plus: ein absolutes High-Tech-Triebwerk.*

*Das Schnittmodell verdeutlicht, dass im Heck des 911 Turbo kein Kubikzentimeter ungenutzt blieb.*

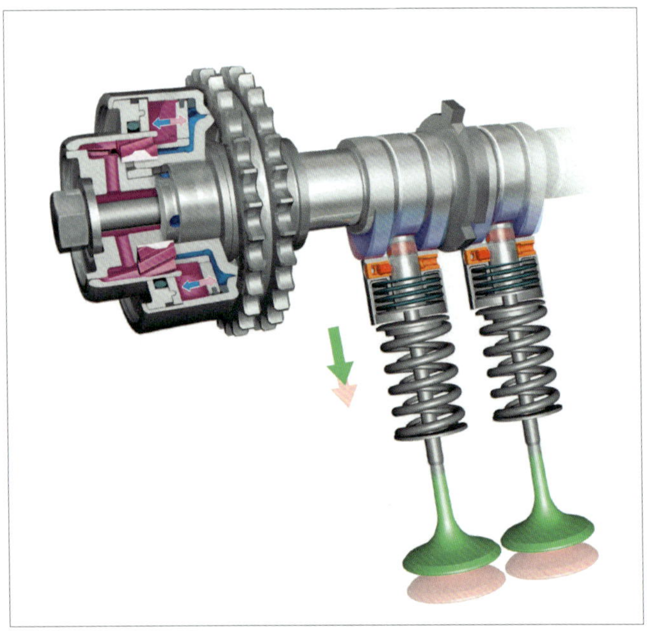

*Dank Vario Cam Plus konnte der Hub der Einlassventile an Drehzahl- und Lastzustände angepasst werden.*

Trotzdem lag der Verbrauch mit 12,9 Litern pro 100 Kilometer nach EU-Norm in Anbetracht der Motorleistung auf niedrigem Niveau.

Wie bei seinem Vorgänger verschaffte allein der optische Auftritt des neuen Spitzenmodells gehörigen Respekt. Von vorn war der große Hunger nach frischer Luft unverkennbar: Drei große Öffnungen leiteten die Kühlluft zu den drei Wasserkühlern vor den Rädern sowie in der Mitte. Über zwei weitere Öffnungen in der Bugspoilerlippe wurden die Hochleistungsbremsen mit Frischluft versorgt. Zu den charakteristischen Design-Merkmalen des Turbo gehörten außerdem die breiten Radhäuser, die um 60 Millimeter weiter als beim 911 Carrera ausgestellt waren sowie die im Fond-Seitenteil integrierten Einlassöffnungen für die Ladeluftkühlung. Ebenso typisch waren die entsprechenden Auslässe für die Ladeluft im unteren seitlichen Bereich der Heckverkleidung. Nicht zuletzt differenzierte der ausfahrbare Heckflügel, der für eine Reduzierung des Auftriebs an der Hinterachse sorgte, den Turbo auch optisch. In Verbindung mit der

*Dank großer Lufteinlässe im Stoßfänger war der Turbo auf Anhieb zu identifizieren.*

*Der Heckflügel verblieb bei stehendem Fahrzeug in flacher Position, ...*

*... passte sich aber an die Geschwindigkeit an.*

markanten Bugspoilerlippe ließ sich so die notwendige aerodynamische Balance erreichen, die für herausragende Fahreigenschaften besonders wichtig war.

Der optische Auftritt war alles andere als unnötiges Blendwerk: Serienmäßig war der Turbo mit Sechsgang-Schaltgetriebe ausgerüstet. Auf Wunsch bot Porsche den neuen Hochleistungssportwagen auch mit Tiptronic S-Getriebe an. Das Fünfgang-Automatikgetriebe, das sich auch manuell über Wipptasten am Lenkrad schalten ließ, war speziell auf die Kraftentfaltung des aufgeladenen Motors ausgelegt.

## Allradantrieb und PSM für überragende Fahreigenschaften

Um die brutale Kraft sicher auf den Boden zu bringen, war der Porsche 911 Turbo wie sein Vorgänger serienmäßig mit Allrad-Antrieb ausgerüstet. Je nach Fahrsituation brachten die vorderen Räder mit 225/40 R 18-Reifen zwischen fünf und 40 Prozent der Antriebskraft auf die Straße. Das System der variablen Kraftübertragung über eine Visco-Lamellenkupplung sparte vor allem Gewicht. Nur 50 Kilogramm brachten sämtliche Allrad-Komponenten auf die Waage. Damit gehörte der Fahrdynamik-Allrad-Antrieb von Porsche zu den leichtesten am Markt.

Das typische Porsche-Gefühl konservierten die Porsche-Ingenieure mit einer besonderen Regel-Charakteristik des serienmäßigen PSM. Das agile, sportlich-dynamische Fahrverhalten blieb bis in den Grenzbereich erhalten. Wegen der hohen Sicherheitsreserven des Porsche-Fahrwerks sollte PSM den Fahrer nicht entmündigen, sondern erst bei rennmäßiger Fahrweise oder in Notsituationen eingreifen. Geringfügige Abweichungen von der Spurtreue durch Lastwechsel oder Teilbremsungen in der Kurve wurden diskret und fast unmerklich korrigiert. Frühere und energischere Korrekturen erlaubten die Porsche-Ingenieure dem PSM nur auf nasser oder glatter Fahrbahn sowie bei unterschiedlichen oder wechselnden Reibwerten der Straßen-Oberfläche.

*Hinter den 18-Zoll-Felgen saßen die gelochten innenbelüfteten Bremsscheiben, eingerahmt von Vierkolben-Monobloc-Bremssätteln.*

Wer aber – vor allem auf einer Rennstrecke – den Genuss natürlicher Querdynamik „erfahren" wollte, konnte das Porsche Stability Management über einen Schalter in der Mittelkonsole vorübergehend ausschalten, ohne mit dem sportlichen Drift ein unbegrenztes Risiko einzugehen: Wenn der Schwimmwinkel zu groß wurde, genügte ein Tritt aufs Bremspedal, um PSM wieder voll zu aktivieren. PSM konnte die Grenzen der Physik zwar nie außer Kraft setzen, aber es ließ sie immerhin voll nutzen.

Dank Vierkolben-Festsätteln sowie 330 Millimeter großen innenbelüfteten und gelochten Bremsscheiben an Vorder- und Hinterachse glänzte der Turbo mit exzellenten Verzögerungswerten auch unter hoher Belastung. Den sprichwörtlichen „Anker auswerfen" konnten besonders ambitionierte Fahrer mit der auf Wunsch lieferbaren Porsche Ceramic Composite Brake (PCCB) mit Sechskolben-Festsätteln an der Vorder und Vierkolben-Festsätteln an der Hinterachse. Die Keramik-Verbundbremsscheibe setzte neue Maßstäbe bei den Kriterien Ansprechverhalten, Fadingstabilität, Gewicht und Lebensdauer und wog zudem rund 50 Prozent weniger, was das Fahrzeuggewicht um rund

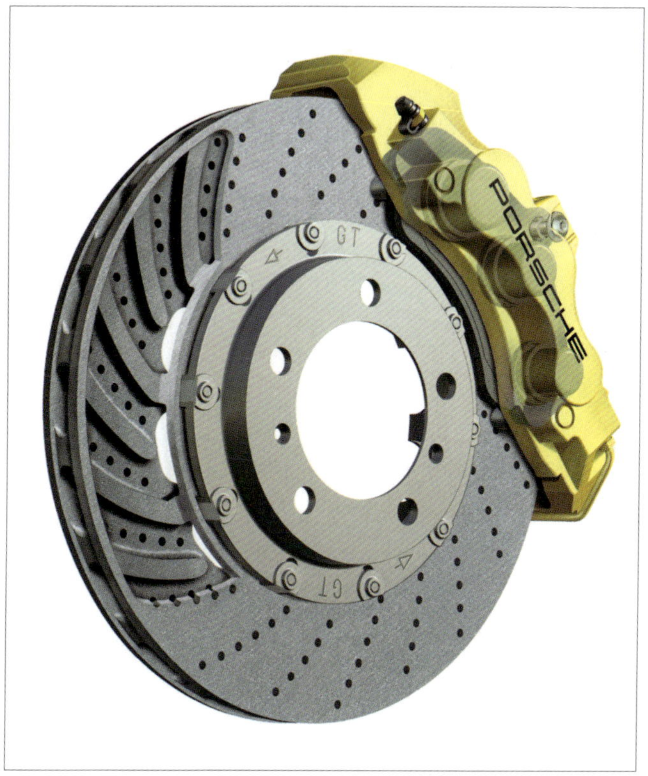


*Optional war die Sechskolben-Keramikbremse erhältlich.*

18 Kilogramm senkte. Weil so die ungefederten Massen verkleinert wurden, zeigte sich auch das Ansprechverhalten der Stoßdämpfer verbessert.

„Exzellente Fahrleistungen, hohe Zuverlässigkeit, bestialisch zupackende Bremsen und seit Jahren weit gesteckte Wartungsintervalle im schützenden Kokon einer durchkonstruierten Qualität stützen den Turbo-Mythos als Eckpfeiler" kommentierte *auto motor und sport* im März 2000 das neue Spitzenmodell aus Zuffenhausen. Auch kommerziell war dem Topmodell Erfolg beschieden: Bereits im ersten Jahr entschieden sich mehr als 5300 Käufer für den wassergekühlten 420 PS-Boliden.

## Turbo für Puristen: Der GT2

Beim 993 hatte es die GT2-Version mit Turbomotor als Basismodell für den Motorsport gegeben. Auch vom wassergekühlten Turbo wollten die Porsche-Ingenieure eine in Ausstattung und Gewicht reduzierte, in der Leistung dafür verbesserte Fahrmaschine lancieren. Der GT2 des Typ 996, vorgestellt auf der North American International Auto Show im August 2000, war zwar kein Homologationsmodell für eine Rennversion. Dass er Rennsport-Gene in sich trug, verrieten jedoch technische Details: Das auf Unibalgelenken gelagerte Fahrwerk war in Höhe, Spur und Sturz verstellbar. Und der GT2 war der erste Porsche, der serienmäßig über die Carbon-Keramik-Bremse verfügte.

Im Gegensatz zum 420 PS starken 996 Turbo leistete der GT2 462 PS und verfügte über ein maximales Drehmoment von 620 Nm zwischen 3500 und 4500/min. Damit beschleunigten GT2-Fahrer ihr 1440 kg schweres Gefährt in 4,1 s auf 100 km/h und erreichten eine Höchstgeschwindigkeit von 315 km/h. Bis April 2003 ließen sich insgesamt 963 leistungssüchtige Kunden weder vom – selbst für Porsche-Dimensionen – immensen Listenpreis von 339.000 Mark abhalten noch davon, dass auch der Allradantrieb den Einsparungsmaßnahmen zum Opfer gefallen war und GT2-Piloten damit vor ultimative fahrerische Herausforderungen stellte.

*Für die, die nie genug Leistung kriegen können: Der GT2 – im August 2000 vorgestellt – setzte mit 462 PS eine neue Bestmarke.*

*Für 339.000 Mark gab es den stärksten Serien-Porsche aller Zeiten – allerdings, im Gegensatz zum Turbo, ohne Allradantrieb.*

## Mit neuer Kraft

Die neue Strategie hatte sich – allen Unkenrufen der gusseisernen Fans zum Trotz – ausgezahlt. Boxster und 911 stürmten Seite an Seite die Verkaufscharts der Sportwagen. Im Modelljahr 2001 übertraf der 911 mit mehr als 33.000 verkauften Fahrzeugen erstmals die 30.000er-Marke – während der Boxster mit über 28.000 Fahrzeugen ebenfalls einen neuen Rekord aufstellte. In zehn Jahren hatte Wendelin Wiedeking die Fahrzeugproduktion mehr als verdreifachen können. Vor allem aber wurde Geld verdient: Der Gewinn hatte zwischen den Geschäftsjahren 1994/1995 und 1999/2000 von bescheidenen 11,8 Millionen auf sagenhafte 868 Millionen Mark zugelegt. Das neue Jahrtausend hätte für die Zuffenhausener nicht besser beginnen können.

*Der Motor war auf 3,6 Liter gewachsen und die Leistung auf 320 PS gestiegen.*

*Links: Das Facelift vom Modelljahr 2002 ließ den Spiegelei-Look der Scheinwerfer vergessen.*

*Unten: Der facegeliftete 911 präsentierte sich trotz nur minimaler Änderungen deutlich ausgewogener als sein Vorgänger.*

## Facelift 2001

Für Porsche kein Grund, sich auszuruhen: Die für das Haus typische ständige Evolution machte auch nach fast 80.000 Exemplaren vor der Modellreihe 996 nicht halt. Im Sommer 2001 war es Zeit für das erste Facelift der neuen 911-Generation. Das seit den 356-Zeiten probate Rezept: „mehr Hubraum, mehr Leistung" wurde auch bei der neuesten Entwicklungsstufe angewandt. Aus 3,4 Litern waren durch eine geänderte Kurbelwelle und längeren Hub 3,6 Liter geworden – so viel also, wie bei der letzten Evolutionsstufe des luftgekühlten Carrera. Die Leistung war bei gleicher Drehzahl auf 320 PS gestiegen, und auch die Elastizitätswerte konnten durch das maximale Drehmoment von nun 370 Nm weiter verbessert werden. Das maximale Drehmoment wurde außerdem schon bei 4250/min statt bei 4600/min erreicht. Verantwortlich dafür war das VarioCam Plus-System, das die Einlass-Nockenwellensteuerung um eine einlassseitige Ventilhubumschaltung ergänzte. Damit war der Spurt auf 100 km/h in 5 Sekunden möglich, und die Tachonadel blieb bei freier Autobahn erst bei 285 km/h stehen. Trotzdem sank auch der Verbrauch weiter.

Besonders erfreulich war aber, dass die Porsche-Designer sich die Kritik am 996 zu Herzen genommen hatten. Das Design der Scheinwerfer wurde verändert, um Verwechslungen mit dem Boxster auszuschließen. Die Frontschürze verfügte über geänderte Lufteinlässe, während ovale Auspuffrohre durch die verlängerte Heckschürze ragten. Im Innenraum fanden Carrera-Fahrer jetzt endlich wieder ein Handschuhfach vor. Vor allem Cabrio-Fahrer hatten damit wieder eine Möglichkeit, ihre Utensilien auch im offenen Fahrzeug diebstahlsicher unterzubringen. Sie konnten sich außerdem über die neue Heckscheibe im Verdeck freuen, die jetzt erstmals aus Glas und nicht mehr aus kratzempfindlichen Kunststoff bestand. Da sie beheizbar war, wurde auch die Alltags- und Wintertauglichkeit des Carrera Cabriolet weiter verbessert. Und auch das so heftig kritisierte

*Oben: Das Cockpit präsentierte sich in neuen Farbtönen und deutlich hochwertiger.*

*Mitte: Endlich gab es wieder ein richtiges Handschuhfach, was vor allem Cabriofahrer freute ...*

*Rechts: ... die freuten sich aber fast noch mehr über die neue Heckscheibe, die nun erstmals aus Glas war*

Cockpit war zumindest formal geglättet worden und gab sich – auch wegen des serienmäßigen Dreispeichenlenkrads – deutlich sportiver. Als Zugeständnis vor allem an US-amerikanische Kunden fand sich nun ein ausklappbarer Cupholder unterhalb der mittleren Luftdüse.

Um den Reisegenuss mit dem 911 noch zu steigern, gab es für 2040 Mark Aufpreis ein High-End-Soundsystem von Bose. Der 911 als fahrender Konzertsaal – das war eine Vorstellung, an die man sich erst gewöhnen musste. Vier Mittel- und Hochtöner sowie ein Subwoofer stellten den 911-Fahrer bei der Soundauswahl vor die Qual der Entscheidung: Boxermotor oder Depeche Mode?

Aber auch die untadeligen Fahreigenschaften waren weiter verbessert worden. Neue Dämpferabstimmungen und bis zu 10,6 Kilogramm sparende Alu-Räder ermöglichten eine spürbar bessere Fahrdynamik, während sich die Reduzierung des Auftriebs durch aerodynamischen Feinschliff an der Vorderachse um 25 Prozent und an der Hinterachse sogar um 40 Prozent bei hohem Autobahntempo positiv auswirkte. Die Fahrdynamik-Regelung PSM war außerdem optional für 1928 Mark in allen Varianten erhältlich.

Dass sich der Preis abermals erhöht hatte, war da nur zu verständlich: Die Zahl 73.544 suggerierte nur auf den ersten Blick eine neue Preisphilosophie der Schwaben. Ab dem Sommer waren die Preislisten erstmals in Euro ausgewiesen. Ein neuer 911Carrera kostete damit ab 2002 umgerechnet etwa 143.000 Mark.

***Die Zuffenhausener hatten auf die Fans gehört und den erfolgreichen 996 in entscheidenden Punkten aufgewertet.***

S GO 1004

## Nach 22 Jahren: Turbo Cabrio mit Allradantrieb

Einen offenen Porsche Turbo hatte es nur zwischen 1987 und 1989 gegeben – und angesichts von seinerzeit nur 1600 Exemplaren war er nicht eben vehement von Kunden oder Händlern geordert worden. Schließlich war das Porsche 911 Carrera Cabriolet des Jahres 2001 mit 320 PS nicht nur stärker als das Porsche 911 Turbo Cabrio von 1987, sondern auch schneller. Aber nach Notwendigkeiten zu gehen, wäre der falsche Weg für Porsche gewesen. Die Machbarkeit war das Maß der Dinge.

Trotzdem schlug das Porsche 911 Carrera Cabriolet Turbo im Sommer 2003 ein wie eine Bombe. 420 PS in einem offenen Auto – was für eine Kombination! 138.652 Euro kostete im Spätsommer 2003 das Vergnügen, eines der schnellsten Cabrios der Welt zu fahren. Schon bei der allerersten Turbo-Cabriolet-Generation war ein elektrisches Verdeck serienmäßig – und seit dem 964 für alle offenen 911er. Mit dem Modelljahrgang 2003 ließ es sich erstmals auch während der Fahrt öffnen – bei Geschwindigkeiten von bis zu 50 km/h – was der Solidität der Konstruktion ein hervorragendes Zeugnis ausstellte.

## Leistungsspritze für den Basissport: GT3

Das Modellprogramm des 911 wurde in immer neue Verästelungen fortentwickelt. Hatte die Auflage der ersten GT3-Serie von 1999 bis 2001 wegen der großen Nachfrage erhöht werden müssen, war zwei Jahre später die Zeit reif für ein Revival auf Basis des modellgepflegten 996. Im April 2003 erschien der GT3 im neuen Look – und dem mit 381 PS bei 7400/min bis dahin

*Das hatte es zuletzt 1989 gegeben: Einen offenen Porsche 911 Turbo. Im Sommer 2003 war es soweit!*

*Oben: Die Clubsport-Variante des facegelifteten GT3, der jetzt 381 PS leistete, hörte auf die Bezeichnung GT3 RS und war ausschließlich in Carraraweiß erhältlich.*

*Links: Der massive, doppelstöckige Heckflügel stieß nicht auf ungeteilte Begeisterung, reduzierte aber drastisch den aerodynamischen Auftrieb.*

leistungsstärksten Saugmotor. 102.112 Euro kostete der ultrasportliche 911, der erneut als Basismodell für den Motorsport konzipiert war. Dessen Heckflügel stieß aber nicht bei allen Fans auf Gegenliebe und wurde häufig als „Bügelbrett" bezeichnet.

Die sportlichen Qualitäten waren über jeden Zweifel erhaben: Der überarbeitete 3,6-Liter-Motor war für Drehzahlen bis 8200/min ausgelegt und erledigte den Spurt von 0 auf 100 km/h mit 4,5 Sekunden immerhin 0,3 Sekunden schneller als sein Vorgänger. Mit 306 km/h übertraf der GT3 in der Höchstgeschwindigkeit sogar den Turbo. 3,62 Kilogramm/PS markierten einen absoluten Bestwert – ein Resultat nicht nur der höheren Leistung, sondern auch einer konsequenten Gewichtsreduzierung. Spärlich gepolsterte und mit Leder bezogene Kunststoff-Schalensitze garantierten nicht nur optimale Seitenführung, sondern verschafften gegenüber dem Carrera eine Gewichtsreduzierung von rund 20 Kilogramm. Weitere acht Kilogramm brachte der Entfall der Rücksitze.

*Mit 306 km/h Höchgeschwindigkeit übertraf der GT3 sogar den Turbo.*

GT2
S GO 1920

***Der GT2 in Neuauflage holte sich das Blaue Band zurück: Erst bei 319 km/h war Schluss. Mit 481 PS rückte der stärkste 911 abermals in neue Dimensionen vor.***

Ganz ohne Komfort- und Sicherheitsfeatures ließ Porsche den GT3 allerdings nicht auf die Straße: Auf Fahrer-, Beifahrer- und Seitenairbags sowie elektrische Fensterheber mussten GT3-Kunden ebenso wenig verzichten wie auf eine Wegfahrsperre mit Transpondersystem oder die Zentralverriegelung mit Funkfernsteuerung und Alarmanlage. Auf Wunsch war für den GT3 sogar eine Klimaanlage mit Aktivkohlefilter aufpreisfrei lieferbar.

Ausstattungstechnisch konnte aber auch eine ganz andere Richtung eingeschlagen werden. Ebenfalls auf Wunsch und ohne Aufpreis konnte die zweite Generation des GT3 wieder als extremer „Clubsport" bestellt werden.

## Noch mehr Leistung: Zweite Auflage des GT2

Auch die Extrem-Variante des Turbo, den GT2, bot Porsche seinen Kunden ab September 2003 wieder im neuen Look an. Optisch fanden sich bis auf andere Leichtmetallräder keine Unterschiede zum Vorgänger. Nur an der Leistungs- und Drehmomentschraube hatten die Techniker noch einmal gedreht und 21 zusätzliche PS mobilisiert: 483 PS bei 5700/min und 640 Nm zwischen 3500 und 4500/min waren die Ausbeute. Zusätzlich konnte das Leergewicht auf 1420 Kilogramm reduziert werden, womit ein sensationelles Leistungsgewicht von 2,94 kg/PS erreicht wurde. Die Höchstgeschwindigkeit erreichte mit 319 km/h einen neuen Rekord. Der GT2 des Modelljahrgangs 2003 stand so gut im Futter, dass er die Werksangaben in der Realität sogar übertraf: Die Tester von *auto motor und sport* benötigten für den Spurt auf 100 km/h lediglich 3,9 statt der angegebenen 4,0 Sekunden.

## Schlussoffensive: Carrera 4S und Turbo S

Zeitgleich mit dem Turbo Cabriolet und dem überarbeiteten GT2 zündeten die Sportwagenbauer im Oktober 2003 eine weitere Stufe ihrer Modelloffensive: den 911 Carrera 4S. Es wurden alle Antriebs-, Fahrwerks- und Karosserie-Modifikationen, die für den Turbo entwickelt worden waren, mit dem bekannten 3,6-Liter-Saugmotor mit 320 PS kombiniert. Neben dem Sechszylinder-Boxer-Aggregat sorgten das serienmäßige PSM und der Allrad-Antrieb für Fahrstabilität und höchsten Fahrspaß auf kurvigen Landstraßen oder schnellen Autobahnabschnitten.

*Der Carrera 4S wurde im Oktober 2003 präsentiert und kombinierte den Antriebsstrang des Carrera 4 mit der Karosserie des Turbo – nur der Heckflügel fehlte.*

HN LA 996

*Erkennungsmerkmal des Carrera 4S: Das durchgehende Leuchtenband am Heck*

Das charakteristische Leuchtenband zwischen den Rückleuchten sowie das Fehlen des ausladenden Turbo-Heckflügels unterschied die Heckansicht des Carrera 4S vom Turbo. Wie beim früheren „Turbo-Look" mussten für die sportivere Optik jedoch Einbußen bei der Aerodynamik und zusätzliches Gewicht in Kauf genommen werden. Die Höchstgeschwindigkeit des 911 Carrera 4S betrug 280 km/h – und damit 5 km/h weniger als die der „schmalen" Variante. Den Spurt aus dem Stand auf Tempo 100 absolvierte der Carrera 4S in 5,2 Sekunden. Der 4S-Zuschlag für die Genießer sportlichen Fahrvergnügens betrug genau 15.302 Euro – lag aber immerhin fast 40.000 Euro unter dem optisch nahezu identischen Turbo.

Ein Jahr später erreichten die „regulären Modelle" der Baureihe 996 ihren leistungsmäßigen Höhepunkt. Ab Oktober 2004 bot Porsche den 911 Turbo S zusätzlich zum „normalen" Turbo an. Mit 450 PS bei 5700/min hatten die Ingenieure dem Triebwerk 30 zusätzliche PS entlockt. Dank des Einsatzes größerer Turbolader und eines weiter optimierten Ladeluftkühlers sowie der Überarbeitung der Motor-Elektronik stieg außerdem das Drehmoment auf 620 Newtonmeter, die zwischen 3500 und 4500 Umdrehungen zur Verfügung standen. Bei der Beschleunigung von 0 auf 100 km/h war kein Unterschied messbar, 160 km/h erreichte der Turbo S aber bereits nach 9 Sekunden. Die Höchstgeschwindigkeit wurde bei 307 km/h erreicht – hier konnte der Turbo S seinen schwächeren Bruder um gerade mal 2 km/h übertreffen.

Optisch war der Turbo S an Schriftzügen auf dem Heckdeckel sowie an den Einstiegsblenden und der Mittelkonsole erkennbar – ebenso an den 18-Zoll-Turbo-Rädern, die in der Farbe „GT-Silbermetallic" lackiert waren. Die Radnabendeckel zierte ein farbiges Porsche-Wappen. Zur Serien-Ausstattung gehörte das Porsche Keramik-Bremssystem PCCB.

***Oben:* Den Turbo S gab es sowohl als Coupé als auch als Cabriolet – Schlusspunkt der erfolgreichsten 911-Baureihe bis dahin.**

***Links:* Wissen wo es lang geht: Das Porsche Communication Management (PCM) mit Navigationsmodul zeigt dem Fahrer auf einem TFT-Bildschirm dank gestochen scharfer Darstellung die richtige Route.**

## Time To Say Goodbye

Die Vorstellung des Turbo S läutete gleichzeitig das Ende der Baureihe 996 ein – denn sie wurde begleitet von der Vorstellung des Nachfolgers. Wehmut kam nicht auf. Zu überzeugend war die neue Baureihe geraten, und an den wassergekühlten 911 hatte man sich in sieben Jahren gewöhnt. Und wie: Mit mehr als 175.000 Exemplaren hatte der mit so viel Skepsis empfangene Wasserboxer einen erstaunlichen Verkaufsrekord aufgestellt. Von der Reihe 993 hatten seinerzeit nur knapp 69.000 Fahrzeuge die Montagehallen verlassen. Grund genug also, den 996 – Spiegelei-Optik hin oder her – mit Würde in den Ruhestand zu verabschieden. Und sich auf den 997 zu freuen.

*Der Porsche 911 Turbo S erschien im Sommer 2003 und setzte das technologische Highlight der Baureihe 996.*

# 2004-2012

# Fortschritt mit Tradition: Baureihe 997

## Fortschritt mit Tradition

Ungläubiges Staunen hatten die ersten zehn Jahre unter Wendelin Wiedeking ausgelöst. Die sanierungsreife Sportwagenfirma, die unrationell Autos baute, von denen sich die meisten nur schwer verkaufen und mit denen sich kein Geld verdienen ließ, war zu einem der am schnellsten wachsenden Automobil-Unternehmen der Welt geworden. Und zum profitabelsten dazu: 2003/2004 konnte erstmals die Gewinn-Milliarde übersprungen werden – mit fast 77.000 abgesetzten Fahrzeugen.

Im Jahr zuvor hatte sich Porsche mit dem Werk in Leipzig einen zweiten Produktions-Standort geschaffen. In Sachsen lief seit 2002 der Geländewagen Cayenne vom Band, dessen Hauptaufgabe es war, auch jene Marken-Fans bei der Stange zu halten, deren Mobilitätsbedürfnisse mit Zweisitzern und 2+2-Sitzern nicht abzudecken waren. Das gewagte Experiment auf bisher fremdem Terrain funktionierte – im ersten Jahr bereits verließen 40.000 SUV das Leipziger Werk, und bis heute ist der Cayenne eine der wesentlichen Stützen des Porsche-Erfolgs.

*Die Freiformscheinwerfer des 996 waren runden Scheinwerfern gewichen.*

Der ließ auch eine Rückbesinnung zu. 2004 fiel die Entscheidung, am Porscheplatz in Stuttgart-Zuffenhausen ein neues Marken-Museum mit einer Investitionssumme von 50 Millionen Euro zu bauen. Mit dem spektakulären Entwurf setzte sich das österreichische Architektenbüro Delugan Meissl gegen 170 Mitbewerber durch. Die Rückbesinnung beschränkte sich aber nicht darauf, ab der geplanten Einweihung im Jahr 2008 einen repräsentativen Ort für die Demonstration von dann mehr als 60 Jahren Sportwagentradition zu bieten. Sie muss auch eine Rolle bei der Gestaltung des 997 gespielt haben. Die neue Generation des Porsche 911 wurde im Sommer 2004 der Öffentlichkeit präsentiert. Und keine 911-Generation war jemals auf so ungeteilte Begeisterung gestoßen.

In technischer Sicht war der Generationswechsel einer der unspektakulärsten. An der Technik des 996 hatte es ja auch nie etwas auszusetzen gegeben. Nur mit der Optik hatten Porsche-Fans in den sieben Jahren seiner Produktionszeit immer noch keinen Frieden geschlossen. Die Kritikpunkte waren gleich geblieben: Die schmalbrüstig wirkende, wenig taillierte Linienführung (die mit dem 4S-Paket halbwegs kaschiert werden konnte), das „Gesicht" mit den Freiform-Scheinwerfern sowie das modische Innenraum-Design mit den ineinander verlaufenden Instrumenten hatte viele Enthusiasten immer noch fremdeln lassen.

Im offiziellen Pressetext zur Präsentation der neuen Baureihe war denn auch von einer „konsequenten Fortsetzung der bisherigen Modellreihe" die Rede. Tatsächlich hatten die Designer aber einen ziemlich langen und genauen Blick auf die für das neue Museum vorgesehenen Exponate aus fast 40 Jahren 911-Geschichte geworfen. Für den 997 hatten sie jedenfalls eine Linie gefunden, die zwar immer noch über die vom Vorgänger

*Links: Seit 2008 Fixpunkt von Porsche-Fans aus aller Welt: das Museum in Zuffenhausen*

*Er stieß auf ungeteilte Begeisterung: Mit dem 997 hatte Porsche zurück zu den Wurzeln gefunden.*

vorgegebenen Dimensionen verfügte, aber jedem Betrachter sofort das Gefühl vermittelte, wieder ein „richtiger" 911 zu sein – ohne dabei „retro" zu wirken. Obwohl der 997 der Urform des 911 extrem nahe kam, zeigte er sich in seiner Gesamtwirkung sowie in allen Gestaltungsdetails als hochmoderner Sportwagen.

Allein die oval geformten Scheinwerfer ließen die optische Verbindung zu allen 911-Generationen seit 1963 auf den ersten Blick erkennen. Das wuchtige Heck, das der Karosserie jene aufregende Taillen-Form verlieh, hatte es zwar erst seit den Siebzigern gegeben. Es hatte sich aber seither als ebenso prägnantes Stilmerkmal etabliert wie der Schwung der seitlichen Fensterlinie – und beides war beim 997 in atemberaubender Form wieder aufgenommen worden.

## Doppelspitze

911-Fans konnten erstmals von Anfang an zwischen zwei Varianten wählen: zwischen dem Carrera mit 325 PS starkem 3,6-Liter-Boxermotor und dem 911 Carrera S mit 3,8-Liter-Motor und 355 PS. Das kleinere Triebwerk gab seine maximale Leistung bei 6800/min ab, während der 3,8-Liter-Boxer seine Höchstleistung schon bei 6600/min lieferte.

Der Hochleistungsmotor des Porsche 911 Carrera S war eine Weiterentwicklung des 3,6-Liter-Motors. Dabei hatten es die Konstrukteure nicht allein bei der Erweiterung des Bohrungsdurchmessers von 96 Millimetern auf 99 Millimeter belassen, sondern auch den Ladungswechsel auf die neue Brennraumgeometrie abgestimmt. Vor allem das hohe Drehmoment des 3,8-Liter-Triebwerks von 400 Newtonmeter und der ausgewogene Drehmomentverlauf ermöglichten nochmals verbesserte

*Der 3,6-Liter-Motor des Carrera leistete 325 PS.*

*Carrera und Carrera S präsentierten sich zum Launch. Die Doppelstrategie war neu*

Fahrleistungen und Elastizität. Trotz des Zuwachses an Hubraum, Drehmoment und Leistung lag der Kraftstoffverbrauch des Carrera S im „EU gesamt" mit 11,5 l/100 km auf niedrigem Niveau.

Beide Modelle verfügen über ein identisches, komplett neu entwickeltes Sechsgang-Schaltgetriebe, das dank konsequenten Leichtbaus, größerer Wellendurchmesser und breiterer Zahnräder nicht schwerer geworden war. Um die veränderte Übersetzung durch die größeren Hinterräder auszugleichen, waren die einzelnen Gänge um etwa fünf Prozent kürzer übersetzt. Damit entsprach die Gesamtübersetzung der des Vorgängermodells.

Neben der Modellbezeichnung auf dem Heckdeckel waren die beiden Motorvarianten des 911 Carrera und 911 Carrera S durch unterschiedliche Form und Lackierung der Sauganlage erkennbar: Luftsammler und Ansaugkrümmer des 3,6-Liter-Motors waren schwarz, die des hubraumgrößeren Triebwerks silberfarben lackiert. Darüber hinaus verfügte der 911 Carrera über zwei ovale Einzel-Endrohre, während unter dem hinteren Stoßfänger des 911 Carrera S zwei Doppel-Endrohre herauslugten. Die Höchstgeschwindigkeit des Carrera betrug 285 km/h, das S-Modell erreichte 293 km/h. Der $c_w$-Wert von 0,28 stellte nochmals eine Verbesserung gegenüber dem 996 dar.

Die passiven Sicherheitsmerkmale weiter zu verbessern, war erklärtes Ziel der Zuffenhausener Ingenieure gewesen. So versteckte sich ein Kopfairbag in der Brüstung des Seitenfensters

***Unten:** Der Carrera war am Schriftzug sowie an den beiden ovalen Auspuffrohren zu erkennen, ...*

***Rechts:** ... während den Carrera S zwei Doppelauspuffrohre zierten.*

und sorgte zusammen mit dem Thorax-Airbag in der Vordersitzlehne für einen hohen Schutz bei seitlichen Kollisionen. Vorteil dieser Konstruktion: Sie ließ sich auch für das Cabriolet nutzen, das im Februar 2005 dem Coupé folgte, und als weltweit erstes offenes Fahrzeug über Kopfairbags verfügte. Zusammen mit Fahrer- und Beifahrer-Airbag waren insgesamt sechs Airbags an Bord des Elfers.

**Der Innenraum war komplett neu gestaltet – und näherte sich wieder den fünf Rundinstrumenten an.**

Nicht nur Sicherheit, sondern auch Komfort hatte im Lastenheft weit vorn gestanden. Trotz geringfügig kompakterer Außenabmessungen wurde vor allem die Ergonomie verbessert. Die abgesenkte Sitzposition, das längs- und erstmals höhenverstellbare Lenkrad sowie die nach vorne gerückte Pedalerie boten groß gewachsenen Personen mehr Komfort. Den gestiegenen Ansprüchen begegnete man mit vier unterschiedlichen Sitzvarianten: dem in sechs Richtungen teilweise elektrisch verstellbaren Seriensitz, dem in zwölf Richtungen verstellbaren vollelektrischen Sitz mit pneumatischer Lordosenstütze, dem Sportsitz mit verbesserter Seitenführung und dem adaptiven Sportsitz. Die individuellste Sitz-Lösung im Elfer-Programm vereinte die Vorzüge der vollelektrischen Sitze mit der verstärkten Seitenführung und dem Design der Sportsitzanlage. Zusätzlich bot sie dem Insassen eine vierdimensionale Verstellbarkeit der Seitenwangen. Damit ließen sich Sitzkissen und Lehne individuell den Körpermaßen anpassen.

**Auch das Cabrio erschien in Neuauflage als Weltpremiere mit Kopfairbags und – gegen den Trend – mit Stoff- statt Klappverdeck.**

## Fahrwerks-Elektronik

Das für den Carrera S serienmäßige PASM-Fahrwerk (Porsche Active Suspension Management), das für den 3,6-Liter optional lieferbar war, setzte neue Standards in der Fahrdynamik. Im Vergleich zum Carrera-Serienfahrwerk lag das Fahrzeugniveau mit aktivem Fahrwerk um zehn Millimeter tiefer. Die elektronisch geregelte Dämpfung bot in der Normal-Einstellung eine sportlich-komfortable Grundabstimmung, in der Sport-Einstellung dagegen eine straffere Dämpfung als das konventionelle Fahrwerk. Beide Abstimmungen des PASM-Systems verfügten über eigene Kennlinien und wurden an Fahrsituation und Fahrbahn jederzeit optimal angepasst. Mit überzeugendem Ergebnis: „Einen so komfortablen Porsche gab es noch nie. Unebenheiten saugt er sauber auf, ohne jene lästigen Vertikalbewegungen der Karosserie, die bisher auf langen Autobahn-Wellen den Reisekomfort beeinträchtigten", urteilte *auto motor und sport* im ersten Testbericht. Das Porsche Stability Management (PSM) war erstmals serienmäßig – griff bei geringen Fahrgeschwindigkeiten bis etwa 70 km/h aber später ein als beim Vorgänger, um ein agileres Fahrverhalten in engen Kurven zu ermöglichen.

***Der 3,8-Liter-Motor des Carrera S leistete 355 PS.***

***Das adaptive PASM-Fahrwerk setzte neue Standards in Sachen Fahrdynamik.***

Eine Neuheit war auch die Zahnstangenlenkung mit variabler Lenkübersetzung, die bei Lenkradeinschlägen von mehr als etwa 30 Grad immer direkter wurde. Der Fahrer spürte so einen deutlichen Zugewinn an Agilität und Handling auf kurvenreichen Strecken, beim Einparken und Abbiegen. Der Carrera war mit 18-Zoll-Rädern und ZR-Reifen der Dimension 235/40 vorn und 265/40 hinten ausgerüstet. Der Carrera S rollte erstmals auf 19 Zoll-Felgen mit vorn 235/35 und hinten 295/30 großen ZR-Pneus. Die stärkere Variante verfügte auch über größere Bremsen: Über den 330 Millimeter großen Bremsscheiben an Vorder- und Hin-

***Die Stoppuhr gehörte zum Sport Chrono Paket Plus ...***

***... mit dem sich die gefahrenen Rundenzeiten auch graphisch darstellen ließen.***

*Auch ausgedehnten Reisen im Porsche 911 Carrera stand nichts mehr im Wege ...*

terachse saßen größere und verstärkte Bremssättel, die zur Unterscheidung rot lackiert waren. Das Porsche Keramik-Bremssystem war nach wie vor für beide Varianten lieferbar.

Die Elektronik bot immer mehr Möglichkeiten, Fahrer und Fahrzeug in den Dialog treten zu lassen. Für Fahrer mit besonders sportlichen Ambitionen stand auf Wunsch das Sport Chrono Paket Plus bereit. Es wurde per Sporttaste aktiviert und veränderte die Eigenschaften der Motorsteuerung, der optionalen Tiptronic S sowie das Regelverhalten von PSM (Porsche Stability Management) und PASM (Porsche Active Suspension Management). Unter anderem sprach dadurch das Gaspedal direkter an und PSM ließ mehr Schlupf, Drift- und Gierwinkel zu. Bei Fahrzeugen mit PASM schaltete die Steuerung entsprechend den Fahrbahnbedingungen auf härtere Stoßdämpferkennung. Um handfeste Ergebnisse der so geänderten Fahreigenschaften messen zu können, beinhaltete das Paket auch eine mittig auf dem Armaturenbrett thronende analog/digitale Stoppuhr mit Schnittstelle zum Porsche Communication Management (PCM), in dem Rundenzeiten erfasst, gespeichert und ausgewertet werden konnten.

*... weil sich hinter den Vordersitzen noch weiterer Stauraum bot.*

Das PCM gehörte zur Grundausstattung, ebenso wie Klimaautomatik, Alarmanlage und das Sound Package Plus (CD-Radio mit neun Lautsprechern). Auf Wunsch ließ sich das Klangerlebnis durch das neue BOSE Surround-Sound-System mit zwölf Lautsprechern und einer Gesamtleistung von 325 Watt steigern. Die Hinterlegung individueller Datensätze sicherte ein gleichbleibendes Klangerlebnis – und berücksichtigte beim Cabrio sogar, ob das Verdeck offen oder geschlossen war. Basis dieser Funktion war der AudioPilotTM. Er regelte automatisch Klang und Lautstärke in Abhängigkeit von Störquellen wie Wind- und Abrollgeräuschen. Außengeräusche wurden durch ein spezielles Mikrofon in der Lenksäulenabdeckung aufgenommen und zusammen mit weiteren Informationen wie der gefahrenen Geschwindigkeit verarbeitet. Dadurch konnten die 911-Piloten stets den gleichen Klangeindruck genießen, ohne dass der Klang nachjustiert werden musste.

75.200 Euro – und damit sogar 304 Euro weniger als der Vorgänger – kostete der 911 Carrera im Herbst 2004. Für die S-Version waren knapp 10.000 Euro zusätzlich fällig. Die Frage, ob der

Wechsel gelungen sei, stellte *auto motor und sport*-Tester Wolfgang König im August 2004, um nach der Begegnung mit dem Motor, mit dem Porsche „objektiv gesehen einmal mehr ein Meisterstück abliefert", dem Fahrwerk, das „fahrdynamisch an Perfektion grenzt", gleichzeitig aber „Unebenheiten, die im 911 bisher für heftige Turbulenzen sorgten, nun (für Porsche-Maßstäbe) auf geradezu gespenstische Weise egalisiert", zu einem eindeutigen Fazit zu kommen: „Besser hätte die Sache nicht ausgehen können."

Freude machte vor allem der kommerzielle Erfolg der Baureihe 997. Allein im Geschäftsjahr 2006/2007 liefen 38.959 Exemplare von den Bändern.

***Das Verdeck des Cabriolets ließ sich während der Fahrt bei bis zu 50 km/h öffnen.***

## Gegen den Trend: Cabrio mit Stoffdach

Besonders stolz waren die Porsche-Ingenieure auf das Leichtbau-Konzept auch der offenen Version, mit dem sich der Elfer der neuen Generation gravierend von den in Mode gekommenen Variodach-Wettbewerbern unterschied. So brachte das Carrera Cabriolet lediglich ein Leergewicht von 1480 Kilogramm und der offene Carrera S 1505 Kilogramm auf die Waage – fast 300 Kilogramm weniger als ein vergleichbarer Mercedes SL mit klapp- und versenkbarem Metalldach. Die Tatsache, dass das Porsche-Verdeck mit 42 Kilogramm nur knapp die Hälfte eines vergleichbaren Variodachs wog, führte zu einem deutlich niedrigeren Schwerpunkt und kam der Fahrdynamik zugute. Dank des Leichtbaus glänzten beide Cabrios mit vorbildlicher Agilität und Kurvendynamik.

***Der zeitlos eleganten – wenn auch neu interpretierten – Form sah man ihre 40 Jahre nicht an.***

Erneut waren Coupé und Cabriolet simultan entwickelt worden. Dank dieser Parallel-Entwicklung brachte die Rohkarosserie des Cabriolets nur rund sieben Kilogramm mehr auf die Waage als die des Coupés. Die Torsionssteifigkeit des Rohbaus stieg um fünf Prozent, die statische Biegesteifigkeit sogar um neun Prozent gegenüber dem Vorgängermodell.

## Wieder mit Allrad: Carrera 4 und Carrera 4S

Das Frühjahr 2005 brachte nicht nur mit dem Cabrio Zuwachs für die 997-Modellfamilie. Carrera 4 und Carrera 4S präsentierten sich mit ähnlichen Zutaten wie ihre Vorgängermodelle: Die um jeweils 22 Millimeter weiter ausgestellte Kotflügel über den Hinterrädern sowie das durchgehende Leuchtenband am Heck waren das auffälligste Erkennungsmerkmal.

Der Allradantrieb Porsche Traction Management (PTM) war allerdings eine komplette Neuentwicklung und hatte mit dem bisherigen System nichts mehr gemein. Das untereinander vernetzte Fahrdynamikpaket aus dem Allrad-Antrieb, der erstmals elektronisch gesteuert war, dem Porsche Traction Management (PTM), dem aktiven Fahrwerk Porsche Active Suspension Management (PASM) und der Fahrstabilitätsregelung Porsche Stability Management (PSM) setzte die souveräne Motorleistung in bestmögliche Fahrdynamik um. Beim Allradsystem PTM sorgte eine elektromagnetisch gesteuerte Lamellenkupplung für die optimale Kraftverteilung zwischen Vorder- und Hinterachse.

Besonderer Clou des Allradsystems PTM war, dass es nicht nur – wie das Vorgängersystem – blitzschnell reagieren, sondern Situationen gleichsam vorauszuahnen imstande war. Trat der Fahrer etwa beim Anfahren das Gaspedal sehr weit durch, hat-

*Die Allradversionen verfügten wieder über ein deutlich breiteres Hinterteil – das durchgehende Leuchtenband war allerdings verschwunden.*

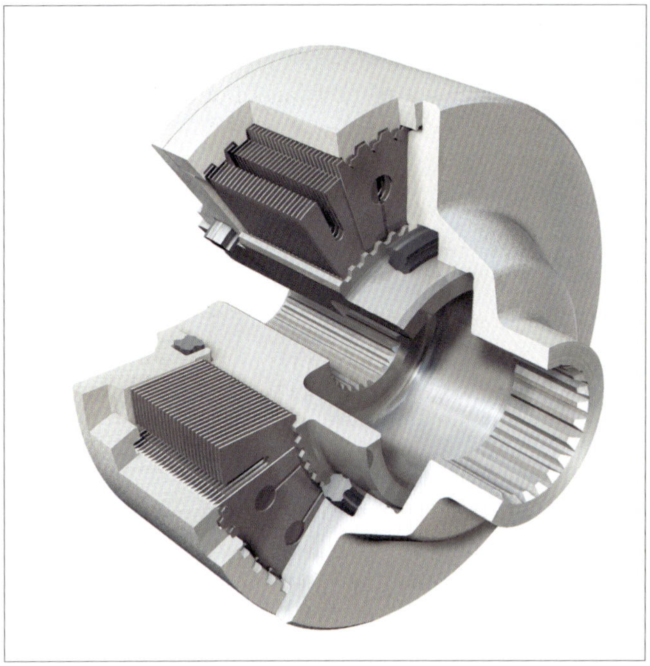

*Dank der elektromagnetisch gesteuerten Lamellenkupplung veränderte sich die Kraftverteilung beim Carrera 4S je nach Anforderung.*

te die „Vorhaltesteuerung" des PTM schon vor dem Umsetzen dieses Wunsches und dem Öffnen der Drosselklappen die Lamellenkupplung soweit geschlossen, dass die Kraft an alle vier Räder verteilt wurde, um ein Durchdrehen zu vermeiden. Unter- und Übersteuern konnte PTM durch gezielte Kraftflussverteilung an Vorder- und Hinterräder bekämpfen, bevor das PSM durch Bremseneingriff reaktiv einschreiten musste. Gleichzeitig regelte PASM ebenso blitzschnell die zur Fahrsituation passende Dämpfung, wobei der Fahrer zwischen einer sportlich komfortablen Grundabstimmung (Normalprogramm) und einer betont sportlichen Abstimmung (Sportprogramm) wählen konnte. Vor allem als Carrera 4S etablierte sich der allradgetriebene 911 erfolgreich in den Verkaufs-Hitlisten. Im Modelljahrgang 2006 rangierte er mit 6057 Fahrzeugen an zweiter Stelle hinter dem Carrera S Coupé, das seinerseits 6935 Exemplare zu den sagenhaften 36.504 Porsche 911 beisteuern konnte, die in jenem Jahr vom Band liefen.

## Die Quintessenz des Porsche-Gefühls: 911 GT3

Nachdem es lange nun immer mehr darum gegangen war, die für den Verkauf der regulären Elfer wichtigen Alltags- und Komforteigenschaften zu verbessern, hatte man im Modellprogramm Raum geschaffen für Varianten, die jeder Vernunft entbehrten und das gleichsam destillierte Porsche-Gefühl in Reinkultur boten. Für kaum ein Modell trifft dies in dem Maße zu wie

*The place to be: Am Steuer eines 911 GT3 auf einer Rennstrecke.*

für den GT3, der für alle 911-Fans als Inkarnation der 911-Philosophie schlechthin gilt. Auf dem Genfer Salon im Frühjahr 2006 präsentierte Porsche den 911 GT3 der Modellgeneration 997.

Um den GT3 der dritten Generation auch optisch von seinen Carrera-Brüdern zu differenzieren, war das Bugteil mit einer schwarzen Spoilerlippe und zusätzlicher, ebenfalls schwarz lackierter Abluftöffnung für den Mittelkühler ausgerüstet worden. Als einziger Serien-911 verfügte der GT3 zudem über zentrale Auspuff-Doppelendrohre und den schwarzen GT3-Schriftzug, der auf Wunsch entfallen konnte. Obligatorisch war dagegen der Heckflügel, der zur Abtriebsmaximierung angebracht war und dazu beitrug, dass Porsche erstmals bei einem Serienfahrzeug die Aerodynamik so weit perfektioniert hatte, dass praktisch kein Auftrieb mehr entstand.

*Die zentrale Doppelrohr-Auspuffanlage war dem sportlichsten Saugmotor-911 vorbehalten.*

*Erkennungsmerkmale des GT3 waren die großen Kühlluftöffnungen in Stoßfänger und Haube.*

Abermals hatten die Motorentechniker den Saugmotor in neue Sphären katapultiert: 415 PS aus 3,6 Litern bei 7600/min – und damit eine Literleistung von 115 PS – markierten einen absoluten Spitzenwert. Eine variable Ansauganlage mit einer 82 Millimeter großen Drosselklappe, optimierte Zylinderköpfe und eine Abgasanlage mit geringerem Gegendruck hatten die Leistungssteigerung möglich gemacht. Ein großvolumiger Hauptschalldämpfer mit zentralen Endrohren und zwei Vorschalldämpfern, die per Abgasklappen gesteuert wurden, verringerten den Abgasgegendruck. Das gesamte Volumen der neuen Anlage war gegenüber dem Vorgänger um zwölf Liter gewachsen. Dabei hielt der 911 GT3 nicht nur alle Geräuschgrenzwerte und Abgasgrenzwerte nach Euro 4 und LEV II ein, sondern begeisterte mit unvergleichlichem Sound. Das Drehzahllimit war um 200 auf 8400/min nach oben gewandert.

*Das 3,6-Liter-Aggregat erreichte mit 415 PS eine Literleistung von 115 PS.*

Auch das manuelle Sechsgang-Schaltgetriebe war dem erweiterten Drehzahlbereich des neuen Motors angepasst worden. Resultat: Die Beschleunigung von 0 auf 100 km/h betrug gerade mal 4,3 Sekunden. Erst bei 310 km/h musste sich der GT3 Luft- und Fahrwiderständen beugen.

Die rennsportspezifische Auslegung des erstmals im GT3 eingesetzten PASM-Fahrwerks bot zwei sportliche Fahrwerke in einem: Die Grundabstimmung eignete sich für Strecken mit unebenen Fahrbahnbelägen. Im Sport-Modus schaltete das System auf härtere Dämpfung um, die insbesondere für den Rundstreckenbetrieb auf ebenem Untergrund gedacht war. Aus dem Zusammenspiel von Mechanik und elektronischer Intelligenz resultierten atemberaubende Traktionswerte: Das Differenzial bot serienmäßig eine asymmetrische Sperrwirkung von 28 Prozent unter Last und 40 Prozent bei Schub. Zusätzlich sorgte

*In der Clubsport-Variante war alles angerichtet für den Einsatz auf der Rennstrecke.*

die neue, abschaltbare Traction Control, die vom Carrera GT übernommen wurde, für sichere Traktion vor allem auf nassem Untergrund. Die Traction Control umfasste die elektronischen Einzelsysteme ABD (Automatisches-Bremsen-Differenzial), ASR (Antriebs-Schlupf-Regelung) und MSR (Motor-Schleppmoment-Regelung).

Die Innenausstattung basierte auf der der Carrera-Modelle, unterschied sich aber durch die zusätzliche Verwendung von hochwertigem Alcantara. Die serienmäßigen Sportsitze konnten auf Wunsch gegen Leichtbau-Schalensitze aus Kohlefaser ausgetauscht werden, die das Systemgewicht auf weniger als die Hälfte reduzierten. Weitere Optionen zur individuellen Gestaltung standen zur Auswahl: von der Lederausstattung bis zum Clubsport-Paket für Motorsport-Einsätze.

Erneut spielte der 911 GT3 überzeugend seine Rolle als Bindeglied zwischen Straßensportwagen und Rundstreckenfahrzeug. Das sah auch *auto motor und sport*-Tester Wolfgang König so. Sein Fazit der ersten Begegnung mit dem 108.000 Euro teuren GT3 im Juni 2006: „Als Fahrmaschine hat der GT3 keinen Gegner zu fürchten. Temperament, Handling und Bremsen erfüllen höchste Ansprüche."

## 911 GT3 RS: Höchstleistungen für Straße und Rennstrecke

Noch extremer ging es freilich mit dem 911 GT3 RS, der auf dem Pariser Salon 2006 debütierte. Die Karosserie des neuen RS war im Heckbereich um 44 Millimeter verbreitert worden. Die breitere Spur verbesserte nicht nur die Wankstabilität, sondern auch das Querbeschleunigungspotenzial des zweisitzigen Coupés.

***Darf´s noch extremer sein? Der GT3 RS war noch konsequenter auf den sportlichen Einsatz ausgelegt.***

An der Leistung des drehfreudigen 3,6-Liter-Aggregats hatten die Techniker nichts verändert. Die Verwendung eines Einmassenschwungrads ließ den Motor jedoch noch spontaner hochdrehen. In Kombination mit dem niedrigeren Gewicht war so der Sprint auf 100 Stundenkilometer in 4,2 Sekunden möglich.

Trotzdem brachte der 911 GT3 RS 20 Kilogramm weniger auf die Waage als der GT3: vollgetankt nur 1375 Kilogramm. Möglich war dies durch den Einsatz eines einstellbaren Heckflügels aus Kohlefaser, die Verwendung eines leichten Kunststoff-Heckfensters sowie den Einbau von Leichtbau-Schalensitzen. Das entsprechende Leistungsgewicht betrug 3,3 kg/PS.

Die Zulassungs-Vorschriften für Gran Tourismo-Meisterschaften hatten eine Vielzahl der technischen Lösungen bestimmt. Neben den Kohlefaser-Komponenten der Karosserie waren dies unter anderem die kompletten Radträger sowie geteilte Querlenker an der Hinterachse. 130.000 Euro mussten Motorsportler für den GT3 RS hinlegen, der ab Januar 2007 lieferbar war.

***Vollgetankt nur 1375 Kilogramm schwer: Das macht 3,3 Kilogramm pro Pferdestärke.***

*Mit 480 PS betrug das Leistungsgewicht des Porsche Turbo nur 3,3 kg pro PS.*

## September 2006: Wieder mit Turbo

Die stufenweise Einführung aller Modellvarianten, die Porsche spätestens seit dem 993 praktizierte, hatte einen entscheidenden Vorteil: Porsche-Kunden konnten sich immer auf etwas noch Besseres, noch Stärkeres freuen und wussten auch mit Bestimmtheit, dass es kommt – so wie jedes Jahr das Weihnachtsfest. Längst war also klar, dass es auch vom 997 ein Turbo Coupé geben würde. Im August 2006 war es so weit.

Schon optisch verkündete der neue Turbo seine Ausnahmestellung. Die markanten Kühllufteinlässe und die serienmäßigen ovalen Bi-Xenon-Scheinwerfer prägten die Frontpartie. Neben den LED-Blinkleuchten in den seitlichen Kühlluftöffnungen des Bugteils zählten die von einem horizontalen Steg geteilten Lufteinlässe hinter den Türen und der ausfahrbare Spaltflügel am Heck zu den charakteristischen Turbo-Merkmalen. Der fuhr ab etwa 120 km/h automatisch 65 Millimeter in die Höhe und sorgte für aerodynamischen Abtrieb an der Hinterachse – 27 Kilogramm bei Höchstgeschwindigkeit.

*Die gewaltigen Öffnungen gewährten eine ausreichende Kühlung von Antrieb und Bremsen.*

Im Fahrbetrieb vereinte der neue Porsche 911 Turbo auf einzigartige Weise Leistung und Fahrdynamik mit Komfort und hoher Sicherheit. 480 PS Motorleistung standen beim neuen Turbo lediglich 1583 Kilogramm Leergewicht

*Der ausfahrbare Spaltflügel liefert bis zu 27 Kilogramm Abtrieb.*

gegenüber – ein Leistungsgewicht von 3,3 Kilogramm pro PS! Eckpfeiler des Leichtbau-Programms waren vor allem die Leichtmetall-Fronthaube und Türen aus Aluminium. Der neue Porsche Turbo wog trotz zusätzlicher Ausstattung weniger als sein Vorgänger. In nur 3,7 Sekunden (und damit um 0,2 Sekunden schneller als mit Sechsgang-Schaltgetriebe) erreichte der Sportwagen mit Tiptronic S eine Geschwindigkeit von 100 km/h, in 12,3 Sekunden war die 200 km/h-Marke überschritten, und die Höchstgeschwindigkeit betrug 310 km/h. Dabei maß der Durchschnittsverbrauch nach ECE-Fahrzyklus nur 12,9 Liter pro 100 Kilometer.

***Dank 3,8 Litern Hubraum, Direkteinspritzung und Expansionssauganlage leistete der Turbo ab 2009 500 PS.***

Geheimnis der extremen Literleistung des 911 Turbo-Motors war der erstmalige Einsatz von Turboladern mit variabler Geometrie (VTG) in einem Benzinmotor. Durch sie konnte der Abgasstrom im gesamten Drehzahlbereich geregelt und die Strömung optimal auf die Turbinenschaufeln geleitet werden. Damit erreichte der 3,6 Liter große Sechszylinder-Boxermotor eine spezifische Leistung von 133,3 PS (98,1 kW) pro Liter Hubraum und ein maximales Drehmoment von 620 Nm, das zwischen 1950 und 5000/min zur Verfügung stand. Für den Fahrer bedeutete dies: schiere Kraft bei jeder Drehzahl. Das optionale „Sport Chrono Paket Turbo" bot auf Knopfdruck sogar eine zusätzliche und kurzzeitige Drehmomenterhöhung. Durch einen höheren Ladedruck stieg die Kraftentfaltung um weitere 60 auf insgesamt 680 Nm. Dank dieser so genannten Overboost-Funktion ließ sich die Zwischenbeschleunigung von 80 auf 120 km/h im vorletzten Gang nochmals von 3,9 auf 3,6 Sekunden verkürzen.

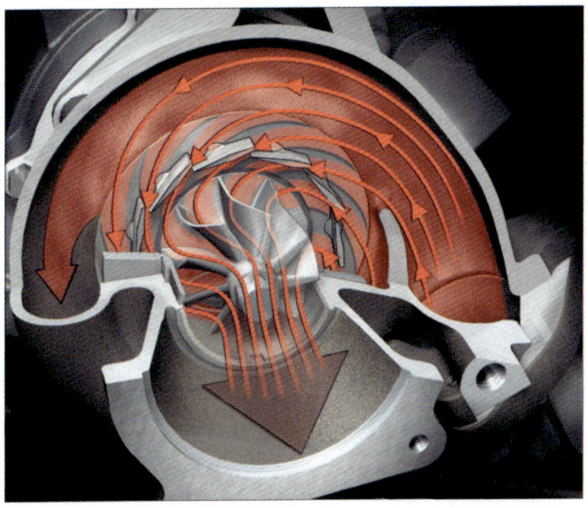

***Revolution im Motorenbau: Der 911 Turbo verfügte ...***

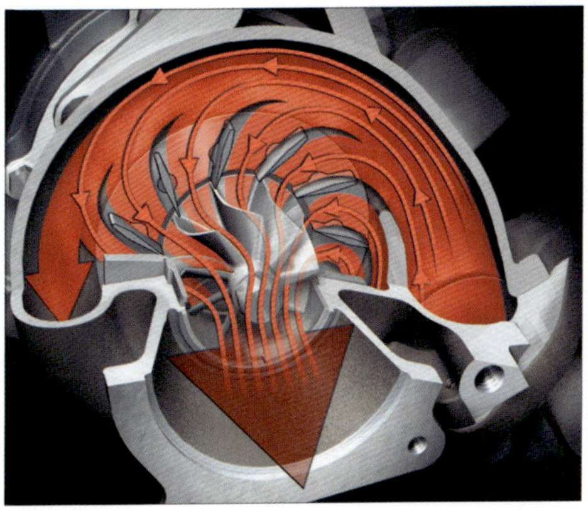

***... als erster Benziner über eine variable Turbolader-geometrie.***

Die obligatorische Allrad-Technik mit Visco-Lamellenkupplung brachte auf die vorderen Räder mindestens fünf Prozent und bei höherem Bedarf bis zu 40 Prozent der Antriebskraft. Davon profitierte die Fahrstabilität in Kurven ebenso wie der Geradeauslauf bei sehr hohen Geschwindigkeiten – und natürlich auch die Traktion auf schwierigem Untergrund.

*Im Innenraum behielt der Turbo seine auf Komfort ausgerichtete Note.*

*Dank Allradantriebs ließ sich die Kraft optimal auf die Straße übertragen – oder auf die Wiese.*

*Der Targa kam zum Modelljahr 1997 mit um 1,9 Kilogramm leichterer Dachkonstruktion.*

Bei allen Fahrzeugen von Porsche hatten die Ingenieure auf maximale Bremsleistung besonderes Augenmerk gelegt. An der Vorderachse wirkten Sechskolben-Festsattelbremsen über innenbelüftete Bremsscheiben mit 350 Millimetern Durchmesser. An der Hinterachse wurde mit Scheiben gleichen Durchmessers und Vierkolben-Festsätteln verzögert. Optional stand die weiterentwickelte Keramikbremsanlage Porsche Ceramic Composite Brake (PCCB) zur Wahl.

Das Interieur des Spitzenmodells im 911-Programm war serienmäßig mit Leder ausgeschlagen. Reifendruck-Kontrollsystem (RDK), eine Diebstahlwarnanlage, die über Radarsensoren das gesamte Fahrzeug überwachte, sowie das Porsche Communication Management (PCM) einschließlich Navigationsmodul zählten ebenso zur Grundausstattung wie das BOSE-Surround-Sound-System mit Siebenkanal-Digitalverstärker und zwölf Lautsprechern.

Die Quadratur des Kreises, die Kombination aus brachialer Leistung, Alltagstauglichkeit, Sicherheit und überlegener Fahrdynamik, war gelungen. Das sah auch Alexander Bloch, Test-Redakteur von *auto motor und sport*, so: „Mit dem sechsten Turbo entwickelt sich der stärkste 911 noch mehr zum extrem schnellen Gran Tourismo. Leistungsentfaltung, Fahrwerk und Bremsen sind nahe an der Perfektion."

Ab dem Modelljahr 2007 gab es auch wieder einen 911 Targa. Carrera 4 und Carrera 4S lieferten erstmals die Basis für den „Panorama-Porsche". Das aus Spezialglas bestehende Schiebedach war weiterentwickelt worden und 1,9 Kilogramm leichter als beim Vorgängermodell. Über die zweistufige Wipptaste zur Steuerung des Glasdachs ließ sich das integrierte Rollo bedienen, das einen zusätzlichen Schutz vor Sonneneinstrahlung oder Kälte bot. Wie sein Vorgänger verfügte auch der neue 911 Targa als einzige Variante über eine separat öffnende Heckklappe aus Glas. Per Funkfernbedienung am Fahrzeugschlüssel oder per Taste auf dem Schweller der Fahrerseite wurde sie entriegelt, um durch ein leichtes Antippen mit der Hand bis zu einem Winkel von 60 Grad nach oben zu schwingen. Die geöffnete Klappe bot so bequemen Zugang zum 230 Liter großen Gepäckraum hinter den Vordersitzen.

## Mehr als doppelt so stark wie der Ur-Turbo: GT2

Die Frage, ob auf den 480 PS starken Turbo eine noch potentere GT2-Variante folgen würde, wurde im Sommer 2007 beantwortet. Der neue GT2 konnte erneut für sich in Anspruch nehmen, der schnellste und stärkste straßenzugelassene Porsche 911 aller Zeiten zu sein. Sein 3,6 Liter großer Boxermotor mit Biturbo-Aufladung leistete 530 PS bei einer Drehzahl von 6500/min und da-

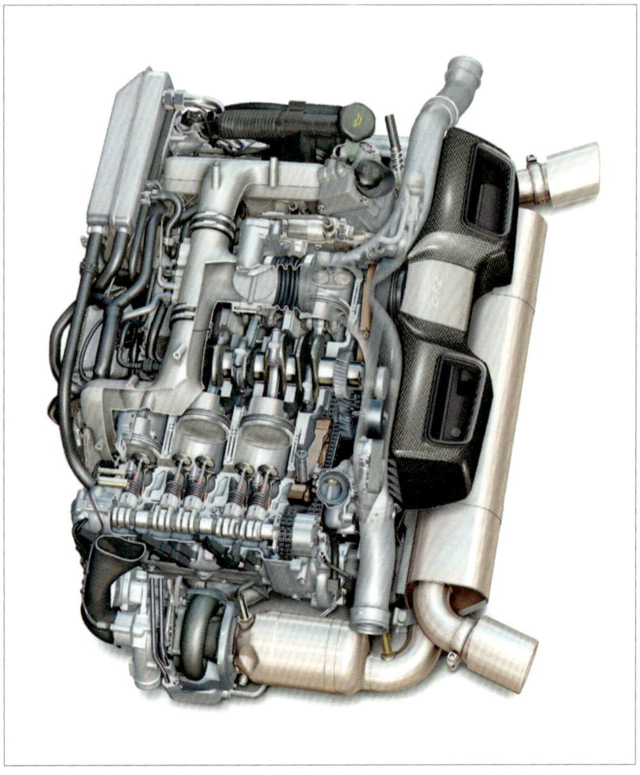

Oben: *Der GT2 setzte mit 530 PS eine neue, absolute Bestmarke.*

Links: *Das 3,6-Liter-Aggregat entwickelte doppelt so viel Leistung wie der erste Porsche Turbo.*

*Gewichtsreduzierung war das Ziel der Ingenieure – das Leistungsgewicht betrug schließlich nur 2,7 kg pro PS.*

*Die Expansions-Sauganlage des GT2 war eine Weltneuheit.*

mit mehr als doppelt so viel wie der erste Turbo des Jahres 1974. Auch das maximale Drehmoment war in 33 Jahren mit 680 Nm, die über einen Bereich von 2200 bis 4500/min zur Verfügung standen, um mehr als das Doppelte gewachsen. Die Fahrleistungen stellten alles bisher Dagewesene in den Schatten. Der 911 GT2 stürmte in nur 3,7 Sekunden auf 100 km/h und weiter, bis die Tachonadel 329 km/h anzeigte.

Die tief herabgezogene Buglippe sowie der charakteristische Heckflügel garantierten Abtrieb an Vorder- und Hinterachse und prägten die unverkennbare Silhouette. Das niedrige Gewicht von 1440 Kilogramm bescherte ein bis dato unerreichtes Leistungsgewicht von 2,7 kg/PS. Mit Hinterradantrieb empfahl sich der GT2 ausschließlich für versierte Piloten.

Die neuerliche Leistungsexplosion hatten die Motoren-Ingenieure mit einer Weltneuheit erreicht: Die Expansions-Sauganlage nutzte die schwingende Ansaugluft während der kühleren Expansionsphase und stellte eine Revolution für aufgeladene Motoren dar. Außerdem war der Abgas-Turbolader – ebenfalls mit variabler Geometrie – auf einen maximalen Druck von 1,4 bar ausgelegt.

Gegenüber dem Carrera war der GT2 um 25 Millimeter tiefergelegt und das Fahrwerk entsprechend abgestimmt. Serienmäßig kam die Keramikbremsanlage Porsche Ceramic Composite Brake (PCCB) mit 380 Millimeter großen Scheiben vorn und 350-Millimeter-Scheiben hinten zum Einsatz. Auch der wildeste Porsche ließ sich jedoch auf Knopfdruck von elektronischen Helfern zähmen. Das erstmals in einem GT2 eingesetzte PSM (Porsche Stability Management) ließ sich in zwei Stufen abschalten, wobei das ABS immer aktiv blieb. Der Fahrer konnte die Quer- und die Längsdynamikregelung sukzessive abschalten und das Fahrverhalten so auf seine individuellen Bedürfnisse abstimmen. Der neue Launch Assistent ermöglichte über die Motorsteuerung aus dem Stand heraus optimal zu beschleunigen. Beim Beschleunigungsvorgang stand die Traction Control (TC) für bestmögliche Längsdynamik zur Verfügung.

*Erst bei 329 km/h fand der Vortrieb des GT 2 ein Ende.*

Zum ersten Mal kam in einem Porsche mit Straßenzulassung serienmäßig eine Abgasanlage mit Endschalldämpfer sowie Endrohren aus Titan zum Einsatz, die nur halb so viel wog wie die Edelstahl-Anlage. Ebenfalls neu waren die serienmäßigen Sportschalensitze aus einer Mischung aus glas- und kohlefaserverstärktem Kunststoff mit einer Oberfläche aus Sichtkarbon. Die extrem leichten mit Leder und in der Mittelbahn mit Alcantara bezogenen Sitze boten eine Klappmöglichkeit für die Rückenlehne, die so ausgelegt war, dass die Seitenführung auch im unteren Beckenbereich vollständig gegeben war. Das wusste nicht nur Walter Röhrl zu schätzen, als er die Nordschleife des Nürburgrings mit dem GT2 in 7:32 Minuten schneller umrundete als jemals ein Porsche 911 mit Straßenzulassung vorher.

Das richtige Set-Up wird der mehrmalige Rallye-Weltmeister vorher ausgetüftelt haben. Die Betriebsanleitung des GT2 beschrieb ausführlich die Möglichkeit zur Veränderung des Stur-

*Markantes Erkennungsmerkmal: Die LED-Rückleuchten des Facelift-Modells von 2008*

zes über Einstellplatten am unteren Querlenker, um so für den Rundstrecken-Einsatz die richtige Feineinstellung zu finden.

## Facelift 2008: Neue Motoren

Schon ein Jahr später zündete Porsche die nächste Stufe im scheinbar unendlichen Innovations-Marathon. Nach vier Jahren wurde die 997-Baureihe einer kompletten Revision unterzogen – mit zwei wesentlichen Elementen: komplett neu entwickelten Saugmotoren mit Direkteinspritzung sowie dem Porsche-Doppelkupplungsgetriebe (PDK).

Das leicht überarbeitete Design der neuen Carrera-Modelle sollte die technologische Weiterentwicklung widerspiegeln. Die etwas größer dimensionierten äußeren Lufteinlässe verliehen dem Elfer ein noch souveräneres Erscheinungsbild. Alle 911-Modelle waren nun serienmäßig mit Bi-Xenon-Scheinwerfern und LED-Technik für Tagfahrlicht, Positionslicht und die markant gezeichneten Heckleuchten ausgerüstet. Zusammen mit den neugestalteten Serien-Rädern in 18 und 19 Zoll sowie den harmonisch in die neue Heckverkleidung integrierten Abgas-Endrohren war die neue Generation klar erkennbar.

Mit dem Übergang zur direkten Einspritzung des Kraftstoffs in den Brennraum konnte die bereits vorbildliche Effizienz der Porsche-Triebwerke weiter verbessert werden. Die 3,6-Liter-Version des neuen Triebwerks entwickelte 345 PS und damit 20 PS mehr als bisher. Die Leistung des 3,8-Liter-Triebwerks in den S-Modellen stieg um 30 auf 385 PS, womit die stärkere S-Version die Höchstgeschwindigkeitsmarke von 300 Kilometer pro Stunde übertraf. Trotz dieses Leistungspotenzials verbrauchten die neuen Elfer bis zu 13 Prozent weniger Kraftstoff. Der Verbrauch des 911 Carrera mit PDK beträgt lediglich 9,8 Liter (Gesamtverbrauch nach ECE) auf 100 Kilometer.

Die Integration der Direkteinspritzung in die Zylinderköpfe war das Highlight einer tiefgreifenden Weiterentwicklung des kompletten Boxermotors. Darüber hinaus löste ein zweiteiliges Kurbelgehäuse mit integrierten Kurbelwellenlagern den bis dahin vierteiligen Block mit separatem Lagergehäuse ab. Kurbelwelle und Geometrie der Brennräume, Öl- und Wasserpumpe sowie der gesamte Saugbereich waren ebenfalls neu konstruiert worden. Die vollständige Neuentwicklung des Motors brachte auch Gewichtsvorteile: Die neuen Triebwerke wogen rund sechs Kilogramm weniger.

*Mit 345 PS (Carrera) und 385 PS (Carrera S) war die Leistung abermals gestiegen – bei niedrigerem Verbrauch.*

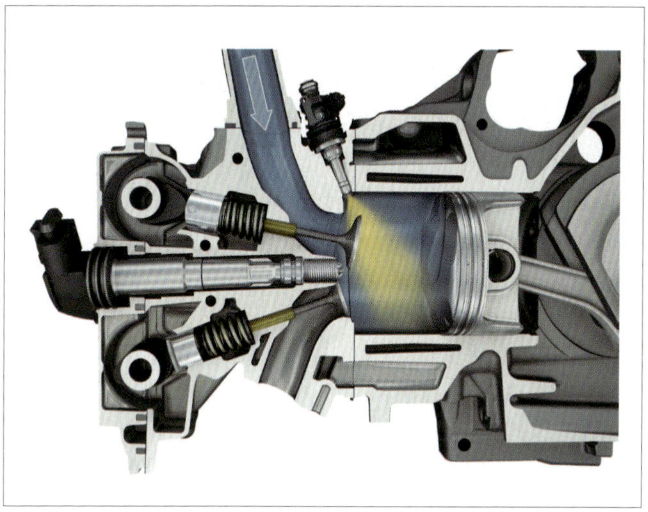

*Die beiden Sechszylinder Boxermotoren von Carrera und Carrera S waren erstmals auf Direkteinspritzung umgestellt worden.*

## PDK statt Tiptronic

Das Doppelkupplungsgetriebe war 20 Jahre zuvor von Porsche im 962 C als Pionierleistung im Rennsport eingeführt worden. In den neuen Carrera-Modellen kam es erstmals in einem Straßensportwagen zum Einsatz. Das PDK verfügte über sieben Gänge, die manuell oder automatisch ohne Zugkraftunterbrechung elektrohydraulisch gewechselt wurden. Gegenüber der Tiptronic S ermöglichte das PDK ein noch sportlich-dynamischeres Fahren. Schaltvorgänge absolviert das neue Getriebe um bis zu 60 Prozent schneller als das Automatikgetriebe. Gleichzeitig musste der Fahrer eines 911 mit PDK keine Einbußen beim Komfort hinnehmen, da das neue Getriebe sanfte, automatisierte Kupplungs- und Schaltvorgänge bot.

*Das Porsche Doppelkupplungs-Getriebe kam direkt aus dem Rennsport und löste die Tiptronic ab.*

In der Beschleunigung markierten die 911 Carrera mit PDK neue Bestzeiten. So absolvierte das Coupé mit 3,6-Liter-Motor den Sprint in nur 4,7 Sekunden und damit um zwei Zehntel schneller als die Version mit Schaltgetriebe. Noch zwei Zehntel schneller erreichte der Carrera S die 100 km/h-Marke. Schalten ließ sich PDK entweder über in den Lenkradspeichen angebrachte Schalttasten oder über den neu gestalteten Wählhebel in der Mittelkonsole. Die Dynamik ließ sich mit dem optional er-

*Schaltet um bis zu 60 Prozent schneller als die Automatik: das PDK-Getriebe.*

*Das Facelift hatte den 911 dem Ideal vom alltagstauglichen Sportwagen noch näher gebracht.*

hältlichen Sport Chrono Paket Plus noch steigern – dank der „Launch Control" für schnellstmögliche Beschleunigung aus dem Stand und einer Schaltstrategie für extrem sportliches Fahren, die sehr schnelle Gangwechsel ermöglichte. Mit Launch Control erreichte der Carrera S die 100 km/h-Marke in 4,3 Sekunden.

*Das Porsche Communication Management mit Festplatten-Navigation war eine komplette Neuentwicklung.*

Die Ingenieure in Weissach nahmen sich noch zahlreicher weiterer Komponenten an. So unterstützt bei allen neuen 911 Carrera serienmäßig ein Anfahr-Assistent beim Anfahren oder Rangieren am Berg, ohne dass der Fahrer die Handbremse betätigen muss. Das für die Carrera S-Modelle serienmäßige und in den Basisversionen optional lieferbare Porsche Active Suspension Management (PASM) wurde für die neue Modellgeneration weiter verfeinert, um bei gleicher Dynamik ein noch komfortableres Abrollen zu ermöglichen. Das neue, optional erhältliche Sportfahrwerk mit einer Tieferlegung um 20 Millimeter basierte auf dieser aktiven Fahrwerks-Variante und verbesserte die Performance für Sporteinsätze und Alltagsbetrieb.

Premiere feierte auch die optional erhältliche Sitzbelüftung, die der Erhöhung des Komforts sowie der Entlastung für Fahrer und Beifahrer vor allem auf langen Etappen sowie bei hohen Außentemperaturen diente. Bei dieser in drei Stufen regelbaren Neuheit erfolgte eine Belüftung über je einen Lüfter im Sitz und der Lehne.

Eine komplette Neuentwicklung war auch das Porsche Communication Management (PCM). Zur besseren Bedienung verfügte es über einen 6,5 Zoll großen Touchscreen-Monitor und ließ sich durch weitere Module wie ein Navigationssystem mit integrierter 40-GB-Festplatte, ein Telefon mit Bluetooth®-Schnittstelle oder die Sprachbedienung der jüngsten Generation ergänzen. Darüber hinaus ließen sich externe Audioquellen nun über USB- oder iPod®-Schnittstellen vom PCM aus steuern. Auf Wunsch konnte ein TV-Tuner geordert werden, der unverschlüsselte analoge und digitale DVB-T-Fernsehsignale empfing und über den großen PCM-Monitor wiedergab.

Die abermalige Verbesserung des 911-Konzepts war gelungen – so jedenfalls das Urteil von *auto motor und sport*: „Es ist mühsam, beim Porsche Carrera nach Mängeln zu suchen. Das Ideal des alltagstauglichen Sportwagens mit exzellenten Leistungswerten und akzeptabler Ökonomie erreicht er nahezu perfekt."

## Mit 500 PS: Der neue Turbo

Die neue Carrera-Generation ließ Porsche-Fans hoffen, dass den neuen Saugmotoren bald die neue Ausbaustufe des Turbo-Motors folgen würde. Mit mehr Leistung, die dringend erwartet wurde. Der Nissan GT-R hatte den Altmeister mit 486 PS überflügelt und sich in einem Test von *auto motor und sport* verdächtig nahe an den schnellsten deutschen Seriensportwagen geschoben.

Mit dem neuen 911 Turbo, der auf der IAA 2009 in Frankfurt Weltpremiere feierte, setzte Porsche einmal mehr Zeichen im Segment der Hochleistungssportwagen: Mehr Effizienz bei weniger Emissionen sowie mehr Fahrdynamik bei weniger Gewicht waren die Vorgaben. Tatsächlich waren die Eckdaten erneut beeindruckend: Da war zum einen die schier unfassbare Leistung von 500 PS und das maximale Drehmoment von 650 Nm. Mit dem optionalen Sport Chrono Paket Turbo setzte der Top-Elfer auf seine sportlichen Bestleistungen noch eins drauf: Durch die integrierte Overboost-Funktion stieg das maximale Drehmoment um 50 auf 700 Nm. 20 Prozent mehr Leistung standen 16 Prozent weniger Kraftstoffverbrauch gegenüber – in Verbindung mit PDK nur noch 11,5 Liter. Das Mindergewicht von bis zu 25 Kilogramm erlaubte um bis zu acht Prozent verkürzte Beschleunigungszeiten – vom Mehr an Fahrdynamik ganz zu schweigen. Womit der neue Top-Elfer sich vor allem in punkto

*Oben: Zum ersten Mal seit dem 964 hatten die Porsche-Techniker den Turbo-Motor von Grund auf neu konstruiert und ihm mehr Hubraum spendiert.*
*Kleine Abb.: Das Porsche Torque Vectoring (PTV) mit mechanischem Hinterachssperrdifferenzial verschob einmal mehr die Grenzen der Fahrdynamik.*

***Oben:** Kontrollstand über 500 PS.*

***Links:** Für die optimale Beschleunigung aus dem Stand: die Launch Control mit 7-Gang-PDK-Getriebe.*

***Unten:** Maximale Leistung und optimiertes Ansprechverhalten im Sport-Plus-Modus.*

Effizienz und Spurtstärke noch deutlicher als vorher von seinen Wettbewerbern absetzte. Die Höchstgeschwindigkeit betrug jetzt 312 km/h, und der Spurt von 0 auf 100 km/h ließ sich – mit PDK, Sport Chrono Paket und aktivierter Launch Control – in 3,5 Sekunden erledigen.

## High-Tech-Turbo

Herzstück des neuen Porsche Turbo war der Motor mit nunmehr 3,8 statt 3,6 Litern Hubraum. Das erstmals in der 35-jährigen 911-Turbo-Typengeschichte von Grund auf neu konstruierte Triebwerk verfügte über Benzindirekteinspritzung, eine effizienzsteigernde Expansionssauganlage und die Porsche-exklusiven Turbolader mit variabler Turbinengeometrie (VTG) für Benzinmotoren. Als Option konnte der Turbomotor erstmals mit dem

*Das neu konstruierte 3,8-Liter-Aggregat verfügte über die weltweit einzigen Turbolader mit verstellbarer Geometrie in einem Benzinmotor.*

Siebengang-PDK kombiniert werden. Die Kombination aus PDK, Benzindirekteinspritzung und Turboaufladung ermöglichte ein neues Niveau an Effizienz, Agilität, Ansprechverhalten und Fahrleistungen.

Für noch höhere Kurvengeschwindigkeiten sorgte das neue optionale Porsche Torque Vectoring (PTV). Es beinhaltete ein mechanisches Hinterachssperrdifferenzial und erhöhte durch gezielte Bremseneingriffe am kurveninneren Hinterrad die Agilität bei gleichzeitig reduzierter Untersteuer-Neigung. Dadurch wurden Lenkpräzision sowie Kurvenstabilität gesteigert und höhere Kurvengeschwindigkeiten ermöglicht.

Das Design des neuen Turbo hatten die Stylisten den Modifikationen des Carrera angepasst, dabei aber für die notwendige Differenzierung gesorgt. Ein charakteristisches Merkmal des stärksten Serien-Elfers war die Bugverkleidung mit großen Kühlluftöffnungen und den stegförmigen LED-Blinkern. Neu waren ebenso titanfarben lackierte Lamellen in den seitlichen Lufteinlässen und LED-Tagfahrleuchten anstelle der Nebelscheinwerfer. Eigens für den neuen 911 Turbo entwickelte 19 Zoll große Turbo-II-Räder in Schmiedetechnik mit serienmäßiger Bi-Color-Optik setzten einen besonderen stilistischen Akzent. Neben dem klassischen Spaltflügel erhielt auch der Turbo die neu gestalteten Rückleuchten in LED-Technik sowie deutlich vergrößerte Endrohre.

PORSCHE

*Links: Mit Turbo S-Paket kamen noch mal 30 PS zusätzlich – und die Porsche Carbon-Bremse (PCCB).*

*Unten: Auch das Cabrio war als Turbo S mit 530 PS lieferbar.*

Im Dezember 2009 liefen die ersten Porsche 911 Turbo vom Band und lösten – wie bei Götz Leyrer in *auto motor und sport* – Begeisterung aus: „Der Sechszylinder fühlt sich in allen Bereichen wohl. Man kann mit Minimaldrehzahlen dahinbummeln oder die Drehzahlmessernadel auf 7000/min schnellen lassen – stets wird kultivierte und vibrationsfreie Kraft geliefert. Ganz nach Wunsch gediegen oder gewaltig. Die Messwerte zeigen es: Dieser Porsche geht wie die sprichwörtliche gesengte Sau, er übertrifft sogar die Werksangaben. Aber er tut es so, als könne er den Schub ganz locker von der Kurbelwelle schütteln, ohne mechanisches und Auspufftheater. Hier trifft den Fahrer beim Gasgeben kein Hammer, sondern ein gigantischer Rückenwind."

Wem dieser Rückenwind noch nicht reichte, der konnte ab Mai 2010 für 24.514 Euro Aufpreis das Turbo S-Paket ordern. 530 PS und 700 Nm markierten die absolute Spitze im 911-Angebot. Es war jedoch die 500-PS-Variante, die sich dem neuerlichen Vergleich mit Nissan GT-R und Audi R8 stellte und an dessen Ende *auto motor und sport* bilanzierte: „Porsches Verbesserungen haben gefruchtet; damit holt Zuffenhausen die an Japan verlorene Ehre zurück."

***Nicht mit Direkteinspritzer: Der Hochleistungsmotor des GT3 verfügte noch über Saugrohr-Einspritzung.***

## August 2009: GT3 in neuem Gewand, aber ohne Direkteinspritzung

Das Feuerwerk der Neuheiten im Jahr 2009 machte auch vor den sportlichsten Vertretern der mittlerweile fast unübersichtlich gewordenen 911-Baureihe nicht Halt. Als Speerspitze der Saugmotor-Fraktion stellte sich im Mai der 911 GT3 vor.

Die Ingenieure hatten den Hubraum des Sechszylinder-Boxers auf 3,8 Liter vergrößert – ihn aber nicht auf Direkteinspritzung umgestellt, sondern die Saugrohreinspritzung beibehalten. Das Aggregat hatte mit den Serienmotoren aus dem Carrera ohnehin wenig zu tun – es war vielmehr eine Weiterentwicklung des ursprünglich für den 1996er Rennwagen GT1 konzipierten Triebwerks. Charakteristische Merkmale waren die klassische Trockensumpfschmierung mit externem Öltank, Titanpleuel, Schmiedekolben, hochdrehzahlfeste Tassenstößel sowie eine variable Sauganlage mit zwei Resonanzklappen. In der Serien-Ausführung des GT3 betrug die Leistungsausbeute nun 435 PS bei 7600/min – 20 PS mehr als beim Vorgänger. Die Maximaldrehzahl war von 8400/min auf 8500/min erhöht worden. Eine neue Generation der VarioCam-Nockenwellenverstellung optimierte den Ladungswechsel des neuen 911 GT3 und verstellte kontinuierlich nicht nur die Einlass- sondern auch die Auslassnockenwellen. Mit 312 km/h Höchstgeschwindigkeit und einer Beschleunigung von 0 auf 100 km/h in 4,1 Sekunden war der GT3 der schnellste straßenzugelassene Porsche ohne Turbolader.

Seine rennsportlichen Ambitionen unterstrich der neue GT3 auch optisch: Zwischen den erstmals serienmäßigen Bi-Xenon-Hauptscheinwerfern sorgte der neue, vergitterte Kühlluftaustritt zwischen Bugteil und Fronthaube für optimierten Wärmehaushalt. Am Heck fand sich zwischen den LED-Heckleuchten eine neu gestaltete Motorhaube mit modifizierten vergitterten Entlüftungsöffnungen. Auffälligstes Merkmal aber war der feststehende Heckflügel. Komplett neu gestaltet, reichte die Kontur des Flügels jetzt – wie bei den Rennausführungen des GT3 – über die Stützen hinaus. Die seitlichen Flügelenden wa-

***435 PS leistete der 3,8-Liter-Saugmotor bei 7600/min – bis zu 8500/min waren problemlos möglich.***

ren durchgehend mit dem Flügelprofil verbunden und trugen als Kennzeichnung der neuen Motorisierung die Zahl 3.8 – eine Reminiszenz an den legendären 911 RS 3.8 aus dem Jahr 1993.

Diese Überarbeitung der GT3-Formen hatte sich vor allem aerodynamisch ausgewirkt: Der Anpressdruck war nun mehr als doppelt so stark wie beim Vorgängermodell. Damit bot der neue GT3 bei höherem Tempo noch mehr Bodenhaftung und Stabilität. Wie beim Vorgänger gab es ausschließlich ein manuelles Sechsganggetriebe mit sportlicher Schalthebelübersetzung für ultra-kurze Schaltwege. Die Übersetzungen ließen sich durch austauschbare Getriebezahnräder individuell auf die jeweiligen Einsatzbedingungen einstellen. Eine im Drehzahlmesser integrierte optische Hochschaltanzeige gab dem Fahrer eine Orientierungshilfe für optimale Schaltpunkte. Mit Rücksicht auf die Reaktionszeit des Fahrers leuchtete die Anzeige in den unteren Gängen früher auf und in den oberen später.

Für den Rennsport-Einsatz verpönt waren – vor der Premiere des neuen GT3 – fahrdynamische Assistenz-Systeme. Doch die Porsche-Ingenieure hatten den Ehrgeiz, ihr PSM so abzustimmen, dass sich auch von professionellen Fahrern mit eingeschaltetem PSM bessere Rundenzeiten erreichen ließen als mit ausgeschalteter Fahrhilfe. Die Ausschaltung geschah stufenweise: Querdynamikregelung Stability Control (SC) und Traction Control (TC) waren separat abschaltbar und wurden – im Gegensatz zu den Regelmechanismen der Carrera-Modelle – auch in extremen Fahrsituationen nicht reaktiviert, sondern erst auf Knopfdruck. Der Fahrer sollte im GT3 immer das letzte Wort haben.

Das aktive PASM-Fahrwerk des 911 GT3 ermöglichte eine noch steifere Abstimmung der Federn und Stabilisatoren und damit im PASM-Sportmodus ein noch präziseres Handling. Im Normalmodus blieb dagegen der alltagstaugliche Abrollkomfort erhalten. So bot das PASM auch im GT3 zwei Fahrwerke in einem. In der Grundabstimmung war das System jedoch nicht für ein höheres Komfortniveau eingesetzt, sondern zeigte hier schon einen ausgeprägt sportlichen Charakter. Der Sport-Modus empfahl sich für Rennstrecken mit ebenem Fahrbahnbelag und ermöglichte ein besonders präzises und zielgenaues Fahrverhalten, indem

die Aufbaubewegungen auf ein Minimum reduziert wurden. Ganz allein ließ das System den Fahrer aber auch hier nicht: Wurde eine leichte Fahrbahnunebenheit festgestellt, schaltete es zur Verbesserung des Fahrbahnkontaktes in Millisekunden auf eine weniger harte Kennlinie innerhalb des Sportkennfeldes um. Nicht nur elektronisch war das Fahrwerk des GT3 für den rennsportlichen Einsatz gerüstet: Stabilisatoren, Sturz und Spur konnten individuell auf den Parcours eingestellt werden. Direkt dem Rennsport abgeschaut waren auch die 19-Zoll-Räder mit Zentralverschluss, die insgesamt etwa drei Kilogramm Gewicht sparten. Weil für gute Rundenzeiten auch erstklassige Bremsen notwendig sind, waren die Bremsscheiben an der Vorderachse von 350 mm auf 380 mm Durchmesser vergrößert worden. Rundum fanden sich erstmals Verbund-Bremsscheiben, bei denen die Reibscheiben aus Grauguss und die Aufnahmen aus leichtem Aluminium gefertigt waren. Trotz größerer Dimensionen und besserer Bremsleistung konnte so das Gewicht an der Vorderachse um 2,4 Kilogramm reduziert werden. In guter Tradition zu den Vorgängern gab es auch für den neuesten GT3 wieder das Clubsport-Paket ohne Aufpreis auf Wunsch dazu.

*Links: Porsche Tequipment liefert auch Motorsport-Zubehör für den 911 GT3: Der 19-Zoll-Radsatz mit rot eloxierten Zentralschrauben, die Carbon-Spoilerlippe und -Stauluftthutze sowie Carbon-Außenspiegel werten den Wagen technisch wie optisch noch einmal auf.*

*Die optionale elastische Motorhalterung (PADM) veränderte den Dämpfungsgrad je nach Anforderung und ermöglichte dadurch noch bessere Beschleunigungwerte.*

Einen besonderen Clou lieferten die Motorsport-Spezialisten ab Herbst 2009: Die neuartige dynamische Motorlagerung PADM (Porsche Active Drivetrain Mount) erkannte anhand der bereits im Fahrzeug vorhandenen Sensorik, wenn der GT3 rennmäßig bewegt wurde und veränderte die normalerweise elastische Motorlagerung. Dafür war in den Lagern eine Flüssigkeit mit magnetischen Partikeln eingeschlossen, deren Viskosität durch ein elektrisches Feld verändert werden konnte. So blieb der GT3 im Alltag komfortabel, auf der Rundstrecke entfielen dafür störende Massenimpulse durch den Motor. Ein weiterer Vorteil des PADM: die verbesserte Traktion beim Beschleunigen aus dem Stand.

Neu war auch das auf Wunsch lieferbare Liftsystem für die Vorderachse. Damit ließ sich die gegenüber dem Carrera um 30 Millimeter abgesenkte Karosserie zum Befahren unebener Fahrbahnen oder steiler Tiefgaragen-Einfahrten um genau jene Differenz anheben. Auf Knopfdruck wurden die beiden vorderen Stoßdämpfer von je einer zusätzlichen Luftkammer unter Druck gesetzt. Bei Geschwindigkeiten von mehr als 50 km/h wurde der GT3 mit aktiviertem Liftsystem wieder automatisch abgesenkt.

## Steigerung des Extremen: 911 GT3 RS

Die Frage, ob der neue 911 GT3 RS ein Rennwagen mit Straßenzulassung oder ein Straßensportwagen für die Rennstrecke sei, war im September 2009 eher akademischer Natur. Keine Frage war, dass der Porsche 911 GT3 RS einem Rennwagen näherkam als je ein straßentauglicher 911 zuvor. Als Homologationsbasis für den Renn-911 GT3 entwickelt, musste er schließlich auch alle Voraussetzungen für weitere Erfolge auf der Rennstrecke erfüllen.

Erstmals hatten die Ingenieure den Motor aus dem GT3 nicht unverändert übernommen, sondern dem 3,8-Liter-Sechszylinder-Boxer für den Einsatz im RS eine Leistungsspritze von weiteren 15 PS verpasst. 450 PS bei 7900/min lautete nun die Zahl, die Saugmotor-Fans in Verzückung versetzte. Eine Literleistung von 118 PS hatte kein anderer Motor dieser Bauart.

Die Leistungssteigerung gegenüber dem 911 GT3 war vor allem der Reduzierung des Durchflusswiderstandes in Luftfilter und Sauganlage um rund 20 Prozent zu verdanken. Sein Hoch-

drehzahlkonzept gestattete bis zu 8500/min – das Einmassenschwungrad war acht Kilogramm leichter als das Zweimassenschwungrad des GT3 und ließ den Boxer – auch dank der kürzeren Getriebeübersetzung – noch spontaner auf Gaspedalbefehle reagieren.

Als erster 911 GT3 RS verfügte der neue Basistyp für den Motorsport über das Fahrstabilisierungssystem Porsche Stability Management (PSM) in einer nochmals sportlicher abgestimmten Version – gegenüber dem nur mit Traction Control ausgerüsteten Vorgänger ein deutliches aktives Sicherheitplus. Der spezifische, in zwei Stufen komplett abschaltbare Regelalgorithmus erfüllte auch die Ansprüche extrem sportlicher Fahrer und war für den Einsatz auf Rundstrecken entwickelt worden. Auf der Rennpiste ließ sich ab 2010 auch die zusätzlich beigelegte Lithium-Ionen-Batterie an Stelle der konventionellen Bleibatterie einbauen. Gewichtsersparnis: zehn Kilogramm.

***Erstmals mit mehr Leistung: Für den GT3 RS hatten die Porsche-Techniker nicht einfach den GT3-Motor übernommen.***

*450 PS bei 7900/min waren das Ergebnis der nochmaligen Leistungskur.*

*Bei der Fahrwerksabstimmung half weltmeisterliche Unterstützung durch Rallye-Ikone Walter Röhrl.*

Für den Rennsport optimiert war auch die Innenausstattung des neuen 911 GT3 RS, die sich mit Alcantara-Elementen, Leichtbau-Türtafeln mit den traditionellen Schlaufen, einem RS-spezifischen Sportlenkrad sowie verschiedenen Carbon-Elementen puristisch präsentierte. Der Cupholder entfiel aus Gewichtsgründen und wer noch mehr sparen wollte, konnte den RS auch ohne Klimaanlage und Radio bestellen. Das Clubsport-Paket mit Überrollbügel, Feuerlöscher, Sechspunktgurt, schwer entflammbaren Sitzbezügen und RS 3.8-Logo war dagegen serienmäßig.

***Mit dem 997 erreichte das 911-Angebot eine nie gekannte Vielfalt: Der Sport Classic war eine Reminiszenz an den Carrera RS ...***

## Limitierte Kleinserie: 911 Sport Classic

Der 911 GT3 RS war aber nicht die einzige Premiere des 911-Modellprogramms auf der IAA 2009. Die Veredler von Porsche Exclusive hatten mit dem 911 Sport Classic die Tradition individueller Kleinserien in limitierter Stückzahl aufleben lassen. In drei Jahren Entwicklungsarbeit war mit viel Liebe zum Detail ein Fahrzeug entstanden, das nicht nur wegen der weltweiten Limitierung auf 250 Exemplare vom Start weg zum Sammlerobjekt avancierte.

Die Bezeichnung „Classic" hätte sich die Sonderserie allein durch den „Entenbürzel" verdient, der an den legendären Carrera RS von 1973 erinnerte und von Porsche seither in keiner 911-Variante mehr zur Anwendung gekommen war. Der 911 Sport Classic war aber keineswegs nur ein optischer Genuss für die traditionsbewussten Fans der Heckmotor-Ikone. Zum eigenständigen Exterieur mit Bug- und Heckverkleidung, einem neuen Dachmittelteil, neuen Seitenschwellern und Rädern sowie einem neuen Front- und Heckleuchtendesign – das alles lackiert in der exklusiven Farbe sportclassicgrau – gesellte sich das leistungsgesteigerte 3,8-Liter-Aggregat aus dem Carrera S. Eine neue variable Resonanzsauganlage, bei der sechs unterdruckgesteuerte Klappen zwischen leistungs- und drehmomentoptimierter Geometrie umschalteten, modifizierte Zylinderköpfe sowie eine neue Motorsteuerung hatten die Leistung um 23 auf 408 PS anwachsen lassen.

***... und trug als erster Porsche 911 seit Mitte der Siebziger wieder den klassischen Entenbürzel.***

*Die Serie war auf 250 Fahrzeuge limitiert und hatte vom Start weg Sammler-Status.*

*Das 3,8-Liter-Aggregat stammte aus dem Carrera S, war aber um 23 PS auf 408 PS erstarkt.*

Damit übertraf der 911 Sport Classic sein legendäres Vorbild um satte 198 PS, und in der Höchstgeschwindigkeit distanzierte er den Ahnen von 1973 mit 302 km/h gar um 57 km/h. Lediglich in der Beschleunigung hätte der RS einigermaßen mithalten können: Mit 4,6 Sekunden erreichte der Classic Sport die 100 km/h-Marke „nur" 1,2 Sekunden eher als sein Vorgänger 36 Jahre zuvor.

***Das Felgendesign erinnerte an die klassischen Fuchs-Felgen – während die Keramik-Bremsen nur dem Ziel maximaler Bremsleistung verpflichtet waren.***

***Flechtleder im Innenraum und den Farbton „espresso" hatte es vorher noch in keinem Porsche 911 gegeben.***

Beim Fahrwerk hatten sich die Ingenieure aus dem üppigen Baukasten bedient. Das 44 Millimeter breitere Heck stammte technisch aus dem Carrera 4S und verschaffte dem Hecktriebler ein höheres Querbeschleunigungspotenzial. Eine Reminiszenz an den Carrera RS war wiederum das Streben nach Gewichtsreduzierung – die Türen bestanden aus Aluminium. Eines der prägnantesten Merkmale des 911 Sport Classic war das 19 Zoll große Sport Classic-Rad mit hochglänzend schwarz lackiertem Felgenstern, das optisch an das Porsche-Rad schlechthin – die von Porsche in den sechziger Jahren entworfene und damals von der Firma Fuchs produzierte Felge – erinnerte.

Im Innenraum hatten die Designer von Porsche Exklusiv Neuland beschritten und mit Flechtleder und einem Teppichmaterial im neuen Design gleich zwei Materialien verwendet, die zuvor noch in keinem Porsche eingesetzt waren. Flechtleder ist ein aus Glattlederstreifen und Garn gewobenes Material, das seine Festigkeit durch eine Kaschierung auf der Unterseite erhält. Es kam in den Sitzmittelbahnen der neu gestalteten adaptiven Sportsitze mit hellgrauen Kedern sowie in den Türverkleidungen zum Einsatz.

Die Schalttafel inklusive aller Einsatz- und Anbauteile war mit Naturleder im Farbton „espresso" bezogen. Selbst die Luftdüsenlamellen waren aufwändig von Hand mit hauchdünnem Leder belegt. Eingerahmt in die Schalttafel fiel das Kombiinstrument mit in Alu-Optik ausgeführtem Gehäuse auf. Die Zifferblätter waren schwarz und nahmen im Drehzahlmesser das Design der Dekorstreifen des Exterieurs zusammen mit einem „911 Sport Classic"-Schriftzug auf. Das Schalttafelunterteil war ebenfalls mit Leder bezogen und trug im Bereich des Handschuhkastendeckels eine Plakette mit der Seriennummer der Kleinserie. Die Nummer wurde auf den verchromten und beleuchteten Türeinstiegsblenden wiederholt.

Die Liebe zum Detail zeigte sich auch in der Belederung der Umrandung des Zündschlosses, dem passenden Schlüsselmäppchen und der Bordmappe aus Naturleder. Das Dreispeichen-Sportlenkrad mit handgenähter Kreuznaht in Kontrastfarbe war ebenso individuell für den 911 Sport Classic ausgeführt wie der Schalt- und der Handbremshebel aus Aluminium mit farblich auf die Interieurfarbe abgestimmtem Schaltschema und Porsche-Schriftzug aus Keramik. Farbliche Akzente setzten die silbergrauen Gurte, die – genau wie der in Alcantara hellgrau ausgeführte Dachhimmel – auf die Exterieurfarbe abgestimmt waren.

Der 911 Sport Classic wurde weltweit mit Ausnahme der Märkte Nordamerika inklusive Kanada, Argentinien, Rumänien, Korea, Vietnam, Taiwan und China angeboten.

# Krone der Leistungsevolution: GT2 RS

An die Grenze des technisch Machbaren gehen – das war seit jeher die Aufgabe der GT-Modelle. Angesichts von 530 PS, die mittlerweile im normalen Programm zur Verfügung standen, musste für den gleich starken GT2 die Latte natürlich wieder ein bisschen höher gelegt werden. Dass es allerdings gleich 90 PS werden würden, hatten wohl die wenigsten erwartet. Im August 2010 präsentierte Porsche in Moskau eine auf 500 Stück limitierte RS-Version des GT2 mit überarbeitetem 3,6-Liter-Biturbo ohne Direkteinspritzung. 620 PS standen einem Leergewicht von 1370 kg gegenüber – womit ein PS es nur mit 2,2 Kilogramm aufzunehmen hatte. Mit 3,5 Sekunden von 0 auf 100 km/h, 9,8 s auf 200 km/h und 28,9 s auf 300 km/h wurden bisherige Fahrleistungs-Spitzenwerte erneut pulverisiert. Und die Spitzengeschwindigkeit war mit – erstmals überhaupt bei Porsche – abgeregelten 330 km/h angegeben. Die Rundenzeit auf der Nordschleife wurde von Porsche offiziell mit 7:18 min angegeben – womit der GT2 RS noch einmal 14 Sekunden schneller war als der GT2. Aber auch teurer: Mit 237.578 Euro lag der RS-Aufpreis bei genau 48.082 Euro.

*330 km/h Höchstgeschwindigkeit – erstmals abgeregelt – markieren auch zum 50. im Jahr 2013 noch einen absoluten Bestwert.*

*Oben: Der GT2 RS präsentierte sich im Herbst 2010 im Kreise seiner Ahnen – mit 620 PS.* *Unten: Der Porsche 911 GT2 RS war auf 500 Exemplare limitiert.*

*Eher für die Rennstrecke als für die Autobahn: Carbon-Schalensitze des GT2 RS mit Alcantara-Bezug.*

*Unten: 911 Speedster – dritte Generation. Mit der auf 356 Exemplare limitierten Sonderserie feierte man 25 Jahre Porsche Exclusive.*

## Speedster

Es waren wohl kaum ausschließlich nostalgische „Back-to-the-roots"-Gefühle, die bei den Porsche-Produktplanern den Ausschlag für eine weitere offene Version der 997-Baureihe gegeben hatten. Und auch nicht das Bemühen um einen niedrigen Einstiegspreis, mit dem ein Sportwagen aus Zuffenhausener Produktion auch für die Söhne und Töchter amerikanischer Upper-Class-Familien erschwinglich werden sollte. Eher wohl die Tatsache, dass alle drei Speedster-Generationen auf 356- und 911-Basis gut 17 Jahre nach dem letzten Versuch (der sich freilich seinerzeit nicht so gut hatte verkaufen lassen) auf dem Gebrauchtwagen- und Sammlermarkt zu den gesuchten Raritäten gehörten. So entstand die Idee, die Legende ein viertes Mal aufzulegen. Im Oktober 2010 auf dem Pariser Autosalon war es soweit. Der neue Speedster feierte seine Weltpremiere.

*Den Speedster gab es ausschließlich in „Purblau" oder „Carraraweiß".*

Als Hommage an den ersten blieb der neue auf 356 Exemplare limitiert. Der Zweisitzer unterschied sich signifikant von den weiteren Mitgliedern der Elfer-Familie und folgte damit seinen drei Vorgängern. In bester Tradition formten die 60 Millimeter niedrigere, stärker geneigte Frontscheibe, die flache Kontur des sportlich geschnittenen manuellen Verdecks und die charakteristische Doppelhutze auf dem Verdeckkastendeckel das markante Profil des neuen 911 Speedster. Durch die flachere Silhouette kam die im Heckbereich 44 Millimeter breitere Karosserie noch eindrucksvoller zur Geltung.

Anders als bei seinen Vorgängern griffen die Porsche-Ingenieure bei der Technik nicht einfach ins Regal. Die limitierte Sonderserie sollte vielmehr nochmals verbesserte Performance bieten. 408 PS leistete der 3,8-Liter-Sechszylinder-Boxermotor aus dem Sport Classic, 23 PS mehr als im 911 Carrera S. Die Kraftübertragung zur Hinterachse mit serienmäßigem Sperrdifferenzial übernahm das Porsche-Doppelkupplungsgetriebe (PDK) mit sieben Gängen. Ebenso serienmäßig waren das Porsche Active Suspension Management (PASM) sowie die Porsche-Keramik-Bremsanlage (PCCB). Das bei allen offenen Porsche serienmäßige Überrollschutzsystem hatten die Techniker für die maximal zwei Speedster-Passagiere weiterentwickelt.

Die Entwicklungshoheit für den Speedster lag bei Porsche Exclusive – dem unternehmenseigenen Veredler, der auf Individualisierungen von Porsche-Fahrzeugen und Kleinserien spezialisiert ist. Der 911 Speedster kam zum 25. von Porsche Exclusive, das im Jahr 2011 gefeiert wurde, und wies die Kleinserien-Kompetenz der Abteilung nach. Dem Anspruch von Porsche Exclusive folgend, war der 911 Speedster nicht nur mit nahezu allen Optionen der 911-Baureihe ausgestattet, sondern faszinierte auch mit seinem in Handarbeit perfektionierten Interieur in schwarzem Glattleder mit zahlreichen Speedster-exklusiven Details in der jeweiligen Außenfarbe. Dazu gehörten Applikationen im Design einer Zielflagge in den Sitzmittelbahnen der adaptiven Sportsitze ebenso wie die ledernen Sitzwagen in Wagenfarbe.

Eigens für den Speedster war die Außenfarbe „Purblau" gemischt worden, die einen reizvollen Kontrast zu den abgedunkelten Frontleuchten, den schwarzen Scheinwerferringen, dem schwarzen Windschutzscheibenrahmen sowie weiteren schwarzen Applikationen bildete. Auf Wunsch war der Speedster ohne Aufpreis auch in „Carraraweiß" erhältlich. Von sei-

*Die Porsche-Tochterfirma hatte auch die Entwicklungshoheit für das Speedster-Projekt.*

*Nicht nur der Schriftzug, auch die Anzahl der gebauten Fahrzeuge waren eine Hommage an den 356.*

*Die Formensprache mit flacher Scheibe und Verdeckhutze lehnte sich deutlich an die historischen Vorläufer an.*

nen Brüdern unterschied er sich durch eine spezielle Bugverkleidung, spezifische Seitenschweller und eine eigenständige Heckverkleidung.

201.682 Euro und vielleicht einen guten Draht zur Stuttgarter Verkaufsabteilung musste haben, wer sich einen Speedster in die Porsche-Sammlung stellen wollte.

*Füllte ab September 2010 die Lücke zwischen Carrera S und Turbo: Der GTS mit 408 PS.*

## Starker Abgang: Der 911 GTS

Zwischen dem Carrera S und dem Turbo war noch Luft für eine weitere Variante, und die war im Herbst 2010 fertig. Der Carrera GTS verfügte ebenso wie der Speedster über den leistungsgesteigerten 3,8-Liter-Motor des Sport Classic. Die Modellstrategen hatten erneut Elemente aus dem Baukasten munter miteinander kombiniert. Die zusätzliche schwarz lackierte Bugspoilerlippe sowie die geänderten Kühllufteinlässe in der Bugverkleidung waren aus dem GT3 bekannt, hinten erhielt der GTS im Prinzip die um 44 mm breitere Karosserie des Carrera 4S. Serienmäßig waren 19-Zoll-Räder mit Zentralverschluss. Lieferbar war der Carrera GTS als Coupé und als Cabriolet – sowohl mit Heck- als auch mit Allradantrieb.

*19-Zoll-Räder mit Zentralverschluss waren serienmäßig.*

Im Gegensatz zum Speedster war der Carrera GTS serienmäßig mit einem Sechsgang-Schaltgetriebe ausgestattet, auf Wunsch gab es ihn mit dem Siebengang-Porsche-Doppelkupplungsgetriebe (PDK). Die Höchstgeschwindigkeit mit Schaltgetriebe

*Unten: Den GTS gab es als Coupé oder Cabrio – sowie als Hecktriebler oder Allradler.*

stieg gegenüber dem Carrera S um vier auf 306 km/h. Die Beschleunigung von Null auf 100 km/h verbesserte sich um 0,1 Sekunden. Der 911 Carrera GTS wurde in Deutschland für 104.935 Euro angeboten und war ab Dezember 2010 erhältlich.

## Stärkster Sauger aller Zeiten: 911 GT3 RS 4.0

Zu welchen Leistungen ein Sechszylinder-Boxermotor auch ohne Aufladung imstande sein kann, demonstrierte Porsche im April 2011. Der 911 GT3 RS 4.0 kam in einer auf 600 Exemplare limitierten Serie auf Basis des 450 PS starken 997 GT3 RS 3.8. Dank der ohne Änderung aus dem Rennwagen GT3 RSR 4.0 übernommenen Kurbelwelle war der Hubraum auf vier Liter angewachsen. Das Wasserboxer-Aggregat leistete nun genau 500 PS und forderte den Antriebsstrang mit einem Drehmoment von bis zu 460 Nm. Die Literleistung von 125 PS war Rekord für einen straßenzugelassene Porsche mit Sauger. Erstmals bei einem Serien-911er zu finden waren die „Flics" zur Reduzierung des Auftriebs an der Vorderachse. Diese an beiden Seiten der Frontschürze montierten Luftleitschaufeln stabilisierten das Fahrzeug vor allem im oberen Geschwindigkeitsbereich.

Wichtig für ein Fahrzeug, dessen Besitzer zu 85 Prozent regelmäßig auf Rennstrecken unterwegs sind, war die Rundstreckentauglichkeit. Die Referenzrunde auf der Nordschleife des Nürburgrings absolvierte der GT3 RS 4.0 denn auch in nur 7:27 Minuten. Damit unterbot er den RS 3.8 von 2009 um sechs Sekunden und war nur 9 Sekunden langsamer als der 620 PS starke GT2 RS. Schon zwei Monate nach den ersten Ankündigungen war klar, dass Porsche ins Schwarze getroffen hatte. Anfang Juni 2011 teilte man im Rahmen der offiziellen Präsentation mit, dass die gesamte Auflage von 600 Exemplaren des mindestens 178.596 Euro teuren RS 4.0 bereits vor Produktionsstart vollständig ausverkauft war.

„The best is yet to come" lautete einst ein Song von Frank Sinatra. Diesem Motto war Porsche bei der Baureihe 997 konsequent gefolgt. Mitte 2011 bestand die Modellpalette aus einer schier unüberschaubaren Vielfalt von 24 Modellvarianten. Die Zuffenhausener hatten endgültig bewiesen, dass sie die Avantgarde modernster Technik beherrschen und sich trotzdem immer wieder auf das fast 50-jährige Konzept des Porsche 911 berufen konnten. Die nächste Ausbaustufe, der 991, sollte die Idee des Porsche 911 in die zweite Dekade des 21. Jahrhunderts tragen.

*Ganz oben: Mit dem RS 4.0 hatte die Baureihe 997 ihren Höhepunkt erreicht – und teilte sich das Fließband schon mit dem Nachfolger.*

*Oben: Mit stärkstem Saugmotor aller Zeiten: Porsche 911 GT3 RS 4.0*

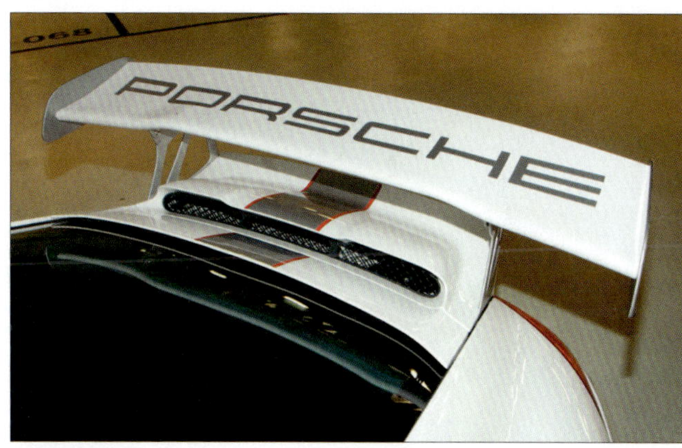


*Rechts: 85 Prozent der Besitzer eines 911 GT3 RS 4.0 sind regelmäßig auf der Rennstrecke unterwegs.*

*Oben: 500 PS mobilisierte das Vierliter-Aggregat des auf 600 Exemplare limitierten Sondermodells.*

*Rechts: Wer hier Platz nimmt, kann die Nordschleife des Nürburgrings in weniger als siebeneinhalb Minuten umrunden – zumindest theoretisch.*

*Schon vor dem Produktionsstart im April 2011 war die gesamte Serie ausverkauft.*

RS 4.0

# seit 2011

# Generation 7: Baureihe 991

## Generation 7

*Die misslungene VW-Übernahme kostete ihn seinen Job: Porsche-Retter Wendelin Wiedeking musste im Juli 2009 seinen Stuhl räumen.*

Der Lebenszyklus des 997 war von gewaltigen Veränderungen in Zuffenhausen begleitet. Die Ära Wiedeking hatte zunächst unvorstellbare Gewinnregionen erreicht. Erstmals wurde im Geschäftsjahr 2003/2004 die Milliardengrenze überschritten. Der Umsatz lag im gleichen Jahr bei 6,1 Milliarden Euro – was einer Umsatzrendite von fast 18 Prozent entsprach und in der Autoindustrie einen einmaligen Rekord darstellte. Zwei Jahre später hatte sich der Gewinn sogar verdoppelt, während der Umsatz nur um etwa eine Milliarde gestiegen war. Der Grund: Die Porsche AG hatte sich seit 2005 an der Volkswagen AG beteiligt und profitierte so auch von den Erfolgen der Wolfsburger.

Anfang 2007 war Porsche im Besitz von 30,9 Prozent der VW-Stammaktien und es kursierten Übernahmegerüchte. Wollte Branchenzwerg Porsche den Riesen Volkswagen übernehmen? Der Plan, der 2008 publik wurde, misslang, da die Aktienaufkäufe mit Krediten finanziert waren und die im Herbst des Jahres beginnende Finanzkrise zu einem massiven Verkaufseinbruch in den USA geführt hatte. Plötzlich änderten sich die Vorzeichen: Wendelin Wiedeking musste im Juli 2009, als das Scheitern der Übernahme feststand und auch klar war, dass es kein gemeinsames Unternehmen unter Porsche-Führung geben würde, alle Aufsichtsratsposten im Volkswagen-Konzern räumen. Im Dezember 2009 erwarb Volkswagen im Gegenzug eine Beteiligung von 49,9 Prozent an der Porsche AG und am 1. August 2012 die restlichen 50,1 Prozent. Seither ist die Selbstständigkeit von Porsche als Unternehmen Geschichte. Heute ist die Marke Porsche – seit ihrer Entstehung untrennbar mit VW verbunden – eine Marke im Volkswagen-Konzern.

Die wirtschaftliche Erholung hatte bereits 2010 wieder begonnen, als die Finanzmärkte noch kriselten. Nicht nur der US-Markt stabilisierte sich. 2011 fand bereits jeder fünfte Porsche seinen Kunden in China. Das Reich der Mitte hatte sich zum zweitstärksten Exportmarkt entwickelt, Deutschland als Absatzmarkt bereits deutlich deklassiert und massiv dazu beigetragen, dass 2011 erstmals die Grenze von 100.000 produzierten Fahrzeugen überschritten wurde. Ein wirtschaftlich günstigeres Umfeld hätte man sich für die Premiere der siebten 911-Generation – traditionell auf der IAA in Frankfurt – kaum wünschen können.

## Porsche Intelligent Performance

Porsche Intelligent Performance – unter diesem Dachbegriff konnten die Besucher der Frankfurter Messe im September 2011 die neue Generation des Sportwagenklassikers bewundern. Dahinter verbirgt sich die Kombination einer völlig neuen Leichtbaukarosserie mit noch effizienteren Antrieben und neuen Fahrwerkssystemen. Ergebnis der geballten Intelligenz-Of-

*Matthias Müller durfte als Porsche-Chef auf der IAA 2011 zur Vorstellung der aktuellen 911-Generation einladen.*

fensive sind eine weiter gesteigerte Fahrdynamik und bis zu 16 Prozent weniger Verbrauch und Emissionen – bei noch höherer Alltagstauglichkeit. Fast 90 Prozent aller Bauteile wurden neu konstruiert, womit der Schritt vom 997 zum 991 einen der größten in der 50-jährigen Geschichte des 911 markiert.

*Der 991 sollte deutlich größer als seine Vorgänger werden – aber trotzdem auf Anhieb als 911 erkennbar sein.*

Dieser Tradition ist der 991 verpflichtet, er stand aber auch vor der Herausforderung, ein würdiger Nachfolger des 997 zu sein. Der hatte sich das Verdienst erworben – nach der Zäsur, die der 996 eingeleitet hatte –, auch die gusseisernen 911-Fans in aller Welt mit dem wassergekühlten Heckmotor-Sportwagen zu versöhnen. Der 997 hatte die Messlatte für den Nachfolger sehr hoch gelegt.

Die Vorgaben für die Designer waren alles andere als anspruchslos. „Es war von vornherein klar, dass diese 911-Generation mehr Radstand bekommt", sagte Baureihenleiter August Achleitner anlässlich der Präsentation in Frankfurt am Main. Dies war teilweise den US-Zulassungsvorschriften geschuldet,

*Die ansteigende Mittelkonsole war vom Supersportwagen Carrera GT inspiriert.*

*Mit Carrera und Carrera S folgen die Zuffenhausener ihrer erfolgreichen Doppelstrategie.*

die für die Ermittlung von Verbrauchsgrenzwerten auch Kriterien wie Radstand und Spurbreite heranziehen, aber auch dem Bemühen um mehr Komfort und bessere Fahreigenschaften. Mit der Forderung nach 100 mm mehr Radstand war klar, dass nicht nur eine neue Plattform entwickelt werden musste, sondern auch ein komplett neues Design, um die klassischen Proportionen des 911 auch auf größerem Fuße zu erhalten.

Keine Linie, kein Radius blieben unverändert. Die flach gestreckte Silhouette mit reduzierter Höhe und breiterer Spur tritt zusammen mit den bis zu 20 Zoll großen Rädern noch athletischer als alle Vorgänger auf – ein Eindruck, der vor allem durch das neue Verhältnis von Höhe und Breite erzielt wurde. Kürzere Überhänge – vorn um 32 Millimeter und hinten um zwölf Millimeter – lassen die Gesamtlänge nur um 56 Millimeter wachsen und die Karosserie noch kompakter wirken. Die Verwendung typischer, aber modifizierter Porsche-Merkmale wie der niedrigen Fronthaube in Verbindung mit den höherstehenden Kotflügeln oder dem Verlauf der seitlichen Fensterlinie, signalisieren auf den ersten Blick, dass der Neue vor allem eines geblieben ist: ein echter 911.

***Besonders markant sind die Änderungen am Heck.***

Am auffälligsten gerieten die Veränderungen am Heck, wo eine umlaufende Kante, die oberhalb der neuen, schmalen Rückleuchten über die gesamte Fahrzeugbreite verläuft, einen deutlich breiteren Eindruck vermittelt. Der neue und breitere Spoiler unterhalb der Lufteinlässe des Motordeckels ist im Gegensatz zu den Vorgängermodellen nicht mehr in den Motordeckel integriert, sondern als eigenes Bauteil im Flügeldesign ausgeführt. Die komplett neu geformten LED-Rückleuchten integrieren sich perfekt in das Heckteil und verstärken die Breitenwirkung.

***Während der Carrera mit 3,4 Litern auskommt, bleibt der Carrera S bei 3,8 Litern und nun 400 PS.***

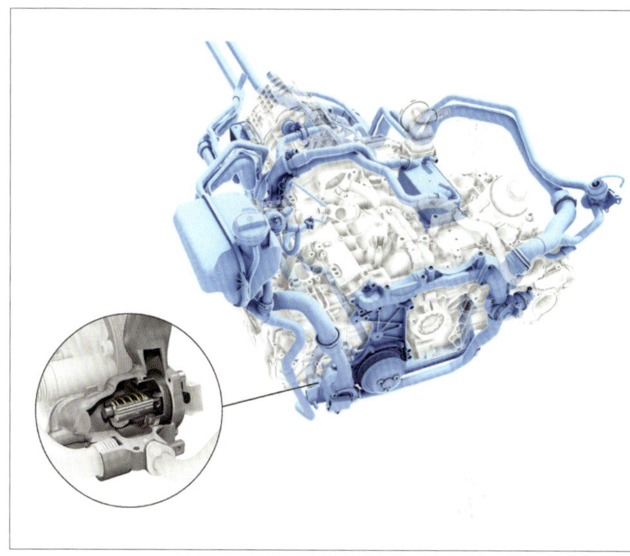

***Unter dem Stichwort „Porsche Intelligent Performance" war auch ein hocheffizientes Thermo-Management entwickelt worden.***

***Das weltweit erste Siebengang-Schaltgetriebe in einem Pkw.***

*Die flach gestreckte Silhouette der völlig neu entwickelten Generation der Sportwagen-Ikone ist das Ergebnis eines um 100 Millimeter verlängerten Radstands und einer reduzierten Höhe.*

S GO 1124

Aber Porsche wäre nicht Porsche, wenn der 991 nicht auch die technologische Messlatte ein gutes Stück höher gelegt hätte. Dass beide Direkteinspritzer-Motoren eine neuerliche Leistungssteigerung erfahren durften, war zu erwarten. Noch größeren Wert legten die Ingenieure jedoch auf maximale Effizienzsteigerung. So ging die Leistungskur diesmal nicht mit einer Vergrößerung des Hubraums einher. Stattdessen verfügt der Porsche 911 Carrera nun wieder über einen 3,4-Liter-Boxer – der allerdings mit 350 PS bei 7400/min ein deutlich höheres Drehzahlniveau erreicht. Das unverändert mit 3,8 Litern Hubraum ausgestattete Aggregat des Carrera S leistet nun 400 PS bei 7400/min. Das S-Triebwerk verfügt über eine steuerbare Resonanzklappe, die den Füllungsgrad verbessert und mit 440 Nm bei 4400/min für deutlich mehr Drehmoment auch bei niedrigen Drehzahlen sorgt.

Allein damit wäre die Effizienzsteigerung freilich nicht erreichbar. Vor allem in der Motor-Peripherie zogen die Weissacher Techniker alle Register ihres Könnens: So verfügen beide Boxermotoren über Bordnetzrekuperation (die Batterie wird vor allem beim Bremsen und im Schubbetrieb geladen, der Motor etwa beim Beschleunigen von der Arbeit für die Lichtmaschine entlastet) und ein kennfeldgesteuertes Kühlwasser-Thermomanagement – allein diese Maßnahmen schlagen mit 0,35 Litern Verbrauchssenkung auf 100 Kilometer zu Buche. Die automatische Start-Stopp-Funktion für alle Getriebevarianten wirkt sich vor allem im Stadtverkehr aus und spart weitere 0,6 Liter Kraftstoff.

Das Prinzip, Motorleistung nur dann abzurufen, wenn sie tatsächlich gebraucht wird, stand beim neuen 911 Carrera mit PDK-Getriebe auch hinter einer vollkommen neuen Funktion: dem Segeln. Segeln ist in der Porsche-Diktion Auskuppeln im Schiebebetrieb, während der Motor in Leerlaufdrehzahl geht. Eingeleitet wird das Segeln durch langsames Zurücknehmen des Fahrpedals oder durch manuelles Hochschalten, wenn der höchste Gang bereits eingelegt ist. Beendet wird das Segeln durch Gasgeben, Bremsen oder manuelles Schalten. Das Fahrzeug kann so seine kinetische Energie nutzen und in Strecke umwandeln. Kraftstoffeinsparungen von bis zu einem Liter auf 100 Kilometer sind im Alltagsbetrieb möglich.

Auch die neue elektromechanische Servolenkung verbindet Porsche-typische Präzision und Rückmeldung mit Verbrauchs- und Komfortvorteilen. Da nur beim Lenken Energie benötigt wird, spart das elektromechanische System im Vergleich zur konventionellen hydraulischen Lenkung mindestens 0,1 Liter Kraftstoff auf 100 Kilometer.

## Weltweit erstes Siebengang-Schaltgetriebe

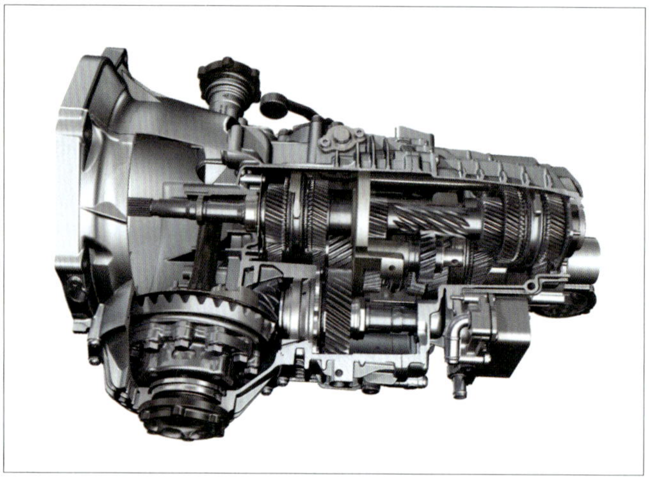

*Das Getriebe hilft, den Verbrauch zu reduzieren.*

Die größte Wirkung ihrer Effizienz-Strategie erzielten die Porsche-Ingenieure jedoch durch das weltweit erste Siebengang-Schaltgetriebe in einem PKW. Die enge Abstufung der ersten sechs Gänge bietet dem Fahrer ein hervorragendes Beschleunigungsvermögen, während der als Overdrive ausgelegte siebte Gang weitere Verbrauchspotenziale nutzt. Damit kommen auch Fahrer von 911 Carrera mit Schaltgetriebe in den Genuss der Verbrauchsvorteile, die vorher nur PDK-Piloten vorbehalten waren: um bis zu 19 Prozent niedrigere Drehzahlen bei gleicher Geschwindigkeit und damit bis zu zehn Prozent weniger Verbrauch in der Konstantfahrt.

Ein weiterer wichtiger Baustein der Effizienzsteigerung ist die innovative Leichtbau-Karosserie der 911 Carrera-Familie, die für Coupé und Cabriolet gemeinsam von Grund auf neu entwickelt wurde. Beide Varianten profitieren von den Gewichtsvorteilen der Aluminium-Stahl-Bauweise sowie von erheblich erhöhter Steifigkeit. Zwischen den B-Säulen ist ein durchgehendes Seitencrash-Abstützungsrohr aus hochfestem Vierkantstahl integriert. Zudem ist die Seitenwand mit ebenfalls hochfesten Bauteilen versteift. Die dynamische Torsionssteifigkeit, die einen entscheidenden Einfluss auf den Komfort hat, konnte um 18 Prozent verbessert werden. Und das, obwohl das Gewicht gegenüber der 997-Baureihe bei größeren Abmessungen um bis zu 60 Kilogramm gesenkt wurde.

Dabei folgte die Konstruktion der Karosseriestruktur harten Sicherheitsprämissen. Für hohe Festigkeit, optimale Verformbarkeit und Energieaufnahme sorgen ultrahochfeste Stähle.

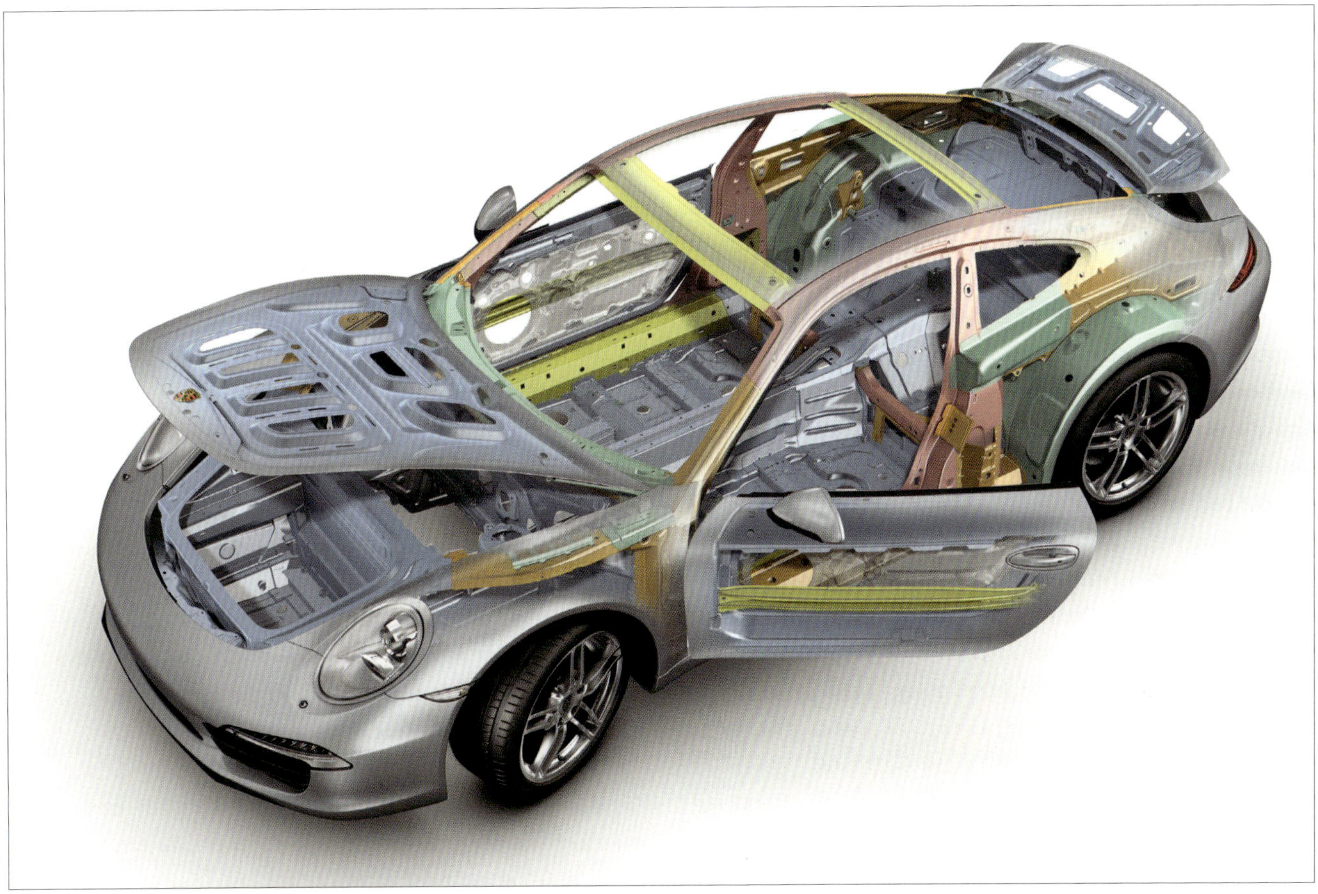

***Ultrahochfeste Stähle verbessern Sicherheit und Steifigkeit – während das Gewicht der Karosserie gleichzeitig um 60 Kilogramm sank.***

Sie umgeben die Fahrgastzelle wie ein Käfig und tragen mit ihrer extremen Formstabilität entscheidend zum Erhalt des Innenraums und damit zum Schutz der Insassen bei. Durch das abgestimmte Deformationsverhalten des aus Aluminium gefertigten Kofferraumdeckels und der Kotflügel sowie der in Aluminium-Stahl-Bauweise gefertigten Scharniere erfüllt der intelligente Leichtbau selbstverständlich auch die stetig steigenden Anforderungen des Fußgängerschutzes. Porsche Intelligent Performance also auch hier: effizienter, leichter, intelligenter.

Das Resultat der Bemühungen: Maximal 15,2 Prozent Energieeinsparung kann der neue 911 Carrera gegenüber seinem Vorgänger aufweisen. Mit 8,2 Litern auf 100 Kilometer stößt der 911 Carrera mit PDK damit in Verbrauchsbereiche vor, die wenige Jahre zuvor einem Mittelklassefahrzeug gut zu Gesicht gestanden hätten. Nur dass diese Verbrauchswerte von einem Fahrzeug erreicht werden, das, wenn gewünscht, in 4,4 Sekunden auf 100 km/h beschleunigt und bis zu 289 km/h erreicht. Die 400 PS des 3,8-Liter-Boxers treiben den 911 Carrera S sogar auf über 300 km/h – wobei auch das Spitzenmodell im Normverbrauch mit PDK bei nur 8,7 Litern auf 100 Kilometer liegt.

***Größtmögliche Effizienz hatte bei der Entwicklung des 991 ganz oben gestanden.***

Zum Öko-Mobil ist der neue Porsche 911 freilich nicht mutiert. Von Effizienz – vor allem von Gewichtsersparnis – profitiert vor allem die Fahrdynamik. Auch das Fahrwerk wurde komplett überarbeitet und in wesentlichen Teilen neu entwickelt. Allein die Verlängerung des Radstands in Verbindung mit der verbreiterten Spur vorn ergab eine völlig neue Geometrie mit höherer Spur- und Wankstabilität bei hohen Längs- und Kurvengeschwindigkeiten. Eindrucksvoller Beweis für den Performance-Gewinn: Der neue 911 Carrera S schafft die Nordschleife des Nürburgrings in 7:40 Minuten und damit 14 Sekunden schneller als sein Vorgänger.

Dazu muss der 911 Carrera S allerdings mit dem neuen aktiven Fahrwerkregelsystem Porsche Dynamic Chassis Control (PDCC) und Porsche Torque Vectoring (PTV) ausgestattet sein. Das optional erhältliche PDCC ist ein System zur aktiven Wankkompensation, das die Seitenneigung des Fahrzeugs in der Kurvenfahrt schon im Ansatz registriert und diese nahezu vollständig ausgleicht. PDCC ermöglicht gesteigerte Agilität in jedem Geschwindigkeitsbereich, verbessertes Einlenk- und ausgeglichenes Lastwechselverhalten. PTV verbessert zusätzlich Traktion und Spurstabilität. Das beim Carrera S serienmäßige System, bestehend aus einer mechanischen Hinterachs-Quersperre und einer variablen Momentenverteilung an der Hinterachse, verringert außerdem die Lastwechselreaktionen. Mit PDCC und PTV setzt Porsche neue Highlights in puncto Fahrdynamik.

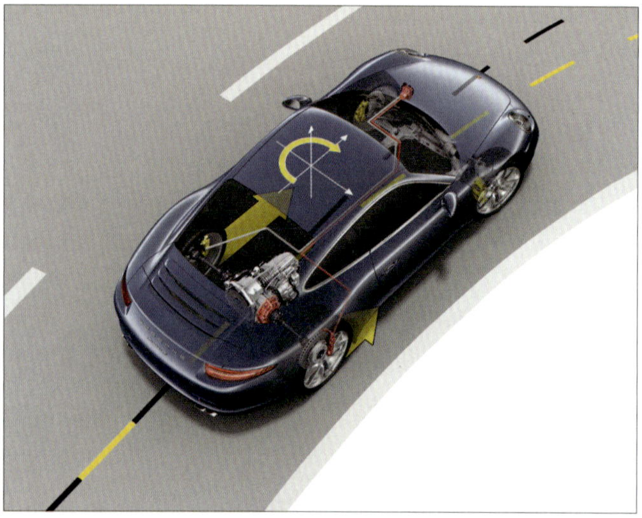

***Mit dem optionalen Porsche Torque Vectoring (PTV) stößt der Carrera S in neue Dimensionen der Fahrdynamik vor.***

## Live-Übertragung in den Innenraum

Die richtige Begleitmusik für die fahrdynamischen Qualitäten stellt der Sound Symposer bereit, der serienmäßig in beiden Modellen enthalten ist und mit kernigerem und sportlicherem Motorsound im Innenraum für das Gänsehaut-Feeling sorgt. Als passives System erzeugt der Sound Symposer keinen künstlichen Motorsound, sondern leitet den unverkennbaren Klang des Sechszylinder-Boxers in den Innenraum. Dabei werden Ansaugschwingungen zwischen Drosselklappe und Luftfilter über einen Akustikkanal in den Innenraum übertragen. Über die Sport-Taste gesteuert, lässt sich der Sound Symposer je nach Fahrerwunsch aktivieren oder deaktivieren.

***Ergonomie und mehr Komfort waren Entwicklungsziele für den Innenraum.***

Die auditiven Genüsse, die das Fahren eines 911 bereichern, lassen sich durch die optionale Sport-Abgasanlage weiter steigern. Auf Knopfdruck in der Mittelkonsole wird nicht nur die Abgasführung entdrosselt, sondern auch eine Verbindung zwischen den Abgassträngen beider Zylinderreihen hergestellt. Ermöglicht wird dies durch jeweils einen zusätzlichen, über eine Klappe gesteuerten Abgang aus beiden Vorschalldämpfern. Damit wird ein noch kernigerer Sound des Sechszylinder-Boxers mit optimalem Leistungsvermögen gepaart.

Auch des Interieurs haben sich die Designer angenommen und dabei den Spagat zwischen Tradition und Moderne realisiert. Die Gestaltung wurde an den Supersportwagen Carrera GT angelehnt und integriert mit der nach vorn ansteigenden Mittelkonsole und der rennsporttypisch hochgesetzten Schaltbetätigung den Fahrer noch stärker ins Cockpit. Als vertraute Elemente finden sich die fünf Rundinstrumente mit dem zentral positionierten Drehzahlmesser sowie die Position des Zündschlosses links vom Lenkrad. Neu dagegen ist der hochauflösende Multifunktionsbildschirm, der neben den wichtigsten Bordcomputerfunktionen etwa die komfortable Kartendarstellung des optionalen PCM mit Navigationsmodul beinhaltet.

Der Komfortgewinn im Innenraum durch den längeren Radstand verbessert auch die Ergonomie. Groß gewachsene Fahrer schätzen die um 25 Millimeter verlängerte Längsverstellung

*Auf Anhieb als 911 zu erkennen: Der setzt die Tradition der Heckmotor-Ikone fort.*

der Sitze ebenso wie den um zehn Millimeter verlängerten Verstellweg des Lenkrads in Längsrichtung. Die neuen Cabriolets bieten mehr Komfort im Fond. Aus der verringerten Einbaulänge des neuen Überrollschutzsystems ergibt sich mehr Beinfreiheit. Anders als beim Coupé sind die Fondseitenscheiben elektrisch versenkbar und der ParkAssistent hinten gehört zur Serienausstattung.

Dem Komfort dient auch die serienmäßige Zweizonen-Klimaautomatik mit Luftgütesensor. Dieser liefert Eingangswerte für die automatische Umluftsteuerung, die bei schlechter Luftqualität selbstständig von Außen- auf Umluftbetrieb schaltet.

## Komplett neu entwickeltes Verdeck

Das Verdeck des 911 Carrera Cabriolets ist die dritte komplette Neukonstruktion in der fast 30-jährigen Geschichte des Cabrios – und wie seine Vorgänger eine Eigenentwicklung. Das Soft-Top des Cabriolets lässt sich in jeweils rund 13 Sekunden öffnen und schließen – wie beim Vorgänger bis zu einer Geschwindigkeit von 50 km/h. Die Bedienung erfolgt über einen Taster in der Mittelkonsole oder von außen über die Funkfernbedienung.

*Seit Anfang 2012 ist die neue Baureihe auch als Cabrio lieferbar – mit komplett neukonstruiertem Verdeck.*

Eine echte Innovation ist das integrierte und elektrisch bedienbare Windschott, mit dem Ein- und Ausbau der Vergangenheit angehören. Das neue Windschott ist an einem U-förmigen Spannbügel befestigt, der zurückgeklappt vollkommen in den Fondbereich integriert ist und so den Platz auf den Fondsitzen nicht einschränkt. Auf Knopfdruck richtet sich dieser Bügel innerhalb von zwei Sekunden auf und rollt dabei ein Netz aus, das von einem zweiten beweglichen Umlenkbügel hinter den Vordersitzlehnen rechtwinklig gespannt wird. Das Windschott

*Purer Genuss: Porsche Carrera S Cabriolet in passender Umgebung.*

lässt sich bis zu einer Geschwindigkeit von 120 km/h betätigen. Beim Schließen des Verdecks wird das aufgeklappte Windschott automatisch eingefahren.

Wie aber wirkt sich die Fülle aller Maßnahmen auf das Porsche-Gefühl aus? Insbesondere der im Hubraum geschrumpfte Basismotor – zum ersten Mal in der Porsche-Geschichte – löste Befürchtungen aus. Die konnte *auto motor und sport*-Redakteur Jens Dralle zerstreuen: „Basismotor? Teufel noch eins, das Triebwerk ist der Gipfel. Gierig, aber nicht bösartig schnappt es nach Gaspedalbefehlen, um prompt eine Ziffer nach der anderen auf dem Drehzahlmesser zu vernaschen. So gleichmäßig wie ein Sportruderer schraubt sich der mit 12,5:1 verdichtete Direkteinspritzer hoch, wirbelt durch die 7000er-Marke, um bei 7800/min seinen Leistungsgipfel zu erreichen. Dabei pfeffert die optionale Sportauspuffanlage mit Klappensteuerung trotzig-röhrend Klangsalven dem nachfolgenden Verkehr zwischen die Scheinwerfer, das Soundsystem im Innenraum des Porsche 911 Cabrio steht längst auf stumm. Jetzt rockt nur noch der Boxer. Der Porsche 911 bleibt, was die Fans der Marke erwarten: ein faszinierender Sportwagen – und zwar nicht trotz, sondern wegen seines prächtigen Einstiegstriebwerks."

## Die Geschichte geht weiter: Carrera 4 Cabriolet mit Allradantrieb

Wie bei den Vorgängern zündet Porsche auch beim 991 die Ausbaustufen in schneller Abfolge. Nur ein Jahr nach der Präsentation des neuen 911 folgt auf dem Pariser Salon 2012 die Allrad-Variante Carrera 4.

*Wieder mit durchgehendem Leuchtenband: Carrera 4 ab Herbst 2012.*

Auffälligstes Erkennungsmerkmal der Elfer mit Allradantrieb bleibt das breite Heck: Im Vergleich zu den zweiradgetriebenen Carrera-Modellen sind die Radhäuser der Hinterachse um jeweils 22 Millimeter weiter herausgezogen und die Hinterräder um jeweils zehn Millimeter breiter. Außerdem verbindet das traditionelle rote Leuchtenband in neuer Form die beiden Rücklichter – hat jetzt aber auch eine Funktion als Rück- oder Parkleuchte.

Die Motoren sind identisch mit denen der Hecktriebler. Je nach Ausstattung spurtet der 350 PS starke 911 Carrera 4 in 4,5 Sekunden von 0 auf 100 km/h und erreicht bis zu 285 km/h Höchstgeschwindigkeit. Der Verbrauch mit PDK ist für das Coupé mit 8,6 l/100 km angegeben. Der 3,8-Liter-Boxer des Carrera 4S mit 400 PS beschleunigt in 4,1 Sekunden auf 100 km/h und ermöglicht 299 km/h Höchstgeschwindigkeit.

Im 911 Carrera 4 informiert ein neues Menü im Kombiinstrument den Fahrer laufend darüber, wie der PTM-Allradantrieb die Antriebskraft verteilt. Erstmals im 911 kommt bei den Carrera-4-Modellen in Verbindung mit dem PDK optional der Abstandsregeltempomat inklusive Porsche Active Safe (PAS) zum Einsatz. Porsche Active Safe (PAS) unterstützt die Aufmerksamkeit des Fahrers und warnt ihn bei zu schnellem Auffahren auf das vorausfahrende Fahrzeug – auch bei ausgeschaltetem Abstandsregel-Tempomat. So hilft das System, Auffahrunfälle zum Beispiel durch Fehleinschätzungen des Fahrers bezüglich der Geschwindigkeit des Vordermanns zu reduzieren. 99.557 Euro beträgt der Einstiegspreis für den Carrera 4, 112.313 Euro sind für die S-Version fällig.

## Premiere in Genf 2013 zum Fünfzigsten: 911 GT3

2013 macht der Porsche 911 das halbe Jahrhundert voll. Das ganze Jahr stellen die Zuffenhausener daher unter das Motto des Jubiläums ihrer Sportwagen-Ikone, die – wenn sie auch nicht mehr der größte Stückzahlbringer der Marke ist – sich für

*Fünfte Generation des GT3 – lieferbar ab Herbst 2013.*

deren Identität längst als unverzichtbar erwiesen hat. Eingeläutet wird das Jubiläumsjahr mit der Premiere des neuen Porsche 911 GT3 auf dem Genfer Automobilsalon.

Die fünfte Generation des 911 GT3 – für viele immer noch der sportlichste und begehrenswerteste 911 – ist eine komplette Neuentwicklung. Der Performance-Fortschritt ist beeindruckend: Die Höchstleistung liegt bei 475 PS, das Leistungsgewicht beträgt 3,0 kg/PS. Nach 3,5 Sekunden wird die 100 km/h-Marke erreicht, und natürlich ist der neue GT3 mit 315 km/h auch schneller als seine Vorgänger. Als wichtigste fahrdynamische Referenz aber hat sich in den vergangenen Jahrzehnten die Rundenzeit auf der legendären Nordschleife des Nürburgrings etabliert: Bei unter 7:30 Minuten bleibt die Stoppuhr stehen – ein Wert, der wenige Jahre zuvor reinrassigen Rennwagen zur Ehre gereicht hätte. Einen wichtigen Beitrag dazu leistet die erste aktive Hinterachslenkung in einem Serien-Porsche. Der neue 911 GT3 hat all seine Gene als rennsporttauglicher Sportwagen behalten, mit noch mehr Dynamik, weiter kultivierter Alltagstauglichkeit – und hochemotionalem Fahrspaß.

***Daran müssen GT3-Kunden sich gewöhnen: Gekuppelt wird nicht mehr, das besorgt das PDK.***

Das Aggregat des neuen 911 GT3 mit 3,8 Litern Hubraum, das seine maximale Leistung bei 8250/min entwickelt und serienmäßig mit einem Porsche-Doppelkupplungsgetriebe (PDK) ausgerüstet ist, basiert zwar auf dem Triebwerk des 911 Carrera S, hat mit diesem allerdings nur wenige Gleichteile gemein. Namentlich Kurbel- und Ventiltrieb wurden speziell für den GT3 angepasst oder entwickelt. Titanpleuel und geschmiedete Kolben schaffen Voraussetzungen für einen extremen Hochdrehzahlmotor, der klaglos bis zu 9000/min dreht.

***Aktive Hinterradlenkung und der 3,8 Liter große 475 PS-Motor sind technische Highlights des GT3, der ab Herbst 2013 lieferbar ist.***

Die aktive Hinterachslenkung ermöglicht eine nochmals bessere Präzision und Querdynamik. Abhängig von der Geschwindigkeit lenkt sie entweder gegen- oder gleichsinnig zu den Vorderrädern ein und verbessert so Agilität oder Stabilität. Weitere neue Fahrdynamik-Bausteine sind die elektronisch geregelte, vollvariable Hinterachs-Quersperre und die dynamischen Motorlager. Das neu entwickelte Vollaluminium-Fahrwerk ist wie bisher in Höhe, Spur und Sturz einstellbar. Den Fahrbahnkontakt stellen neue 20 Zoll große geschmiedete Leichtmetallräder mit Zentralverschluss her.

Die Karosserie des 911 GT3 basiert auf der leichten und gleichzeitig verwindungssteifen des 911 Carrera in Stahl-Aluminium-Hybridbauweise, verfügt jedoch über ein jeweils eigenständiges Bug- und Heckteil und ist im Bereich der Hinterachse um 44 Millimeter breiter. Eindeutiges Erkennungsmerkmal ist – wie bei den Vorgängern – der große, feststehende Heckflügel. Er hat entscheidenden Anteil an der vorbildlichen Aerodynamik des neuen 911 GT3, die niedrigen Luftwiderstand mit weiter erhöhten Abtriebswerten verbindet.

## 50 Jahre Porsche 911, 40 Jahre Porsche Turbo

Anfang Mai 2013 setzt Porsche mitten im Jubiläumsjahr der Baureihe 991 die Krone auf. 40 Jahre nach dem ersten Porsche Turbo präsentieren die Zuffenhausener mit der neuen Generation des 911 Turbo und Turbo S die technologische und fahrdynamische Spitze der 911-Baureihe. Neuer Allradantrieb, aktive Hinterachslenkung, adaptive Aerodynamik, Voll-LED-Scheinwerfer und der bis zu 560 PS starke Sechszylinder-Boxer mit doppelter Turboaufladung untermauern die Rolle des neuen 911 Turbo als Rundstreckenkönig und alltagstauglicher Technologieträger.

*Ganz anders – und doch der Gleiche geblieben: 50 Jahre Porsche 911 im Vergleich.*

PORSCHE
911
S GO 4001
PORSCHE MUSEUM

*Oben : Die Silhouette ist annähernd gleich geblieben ...*

*Unten: ... während vor allem der Zuwachs in der Breite ins Auge fällt.*

***Oben:** Sonderserie zum halben Jahrhundert: der Porsche 911 50.*

***Rechts:** Auch das Felgendesign ist eine Hommage an eine glorreiche Geschichte.*

Erstmals werden vom Start weg zwei Turbo-Varianten angeboten. Der aufgeladene 3,8-Liter mit Benzin-Direkteinspritzung leistet im 911 Turbo 520 PS, im S-Modell 560 PS. Porsche setzt weiterhin als einziger Hersteller zwei Turbolader mit variabler Turbinengeometrie in Verbindung mit einem Benzinmotor ein. Die Kraftübertragung übernimmt das Siebengang-Doppelkupplungsgetriebe (PDK), das jetzt bei den Spitzen-Elfern die Funktionen Start-Stopp mit Motorabschaltung schon beim Ausrollen und Segeln ermöglicht. Zusammen mit dem neuen Thermomanagement für den Turbomotor und dem PDK-Getriebe sinken die Verbrauchswerte im NEFZ um bis zu 16 Prozent auf 9,7 l/100 km.

*Die Optik des Kühlluftgitters findet sich in dem Design-Element zwischen den Rückleuchten wieder.*

*Die Jubiläums-Ausgabe ist ein Carrera S und auf 1963 Exemplare limitiert.*

PORSCHE
S GO 1963

*Rechts: Unübersehbar: 50 Jahre 911-Geschichte bekommt der Fahrer der Jubiläums-Edition auch im Instrument visualisiert.*

*Auch der Karo-Stoff im Innenraum weckt Erinnerungen an alte Zeiten.*

## Neuer Allradantrieb mit elektrohydraulischer Steuerung

Für eine noch schnellere und gezieltere Kraftverteilung auf die beiden Achsen hat Porsche einen neuen Allradantrieb (PTM) mit elektronisch gesteuerter und betätigter Lamellenkupplung entwickelt. Das System ist mit Wasserkühlung ausgestattet und kann damit aufgrund besserer Kühlung bei Bedarf noch mehr Antriebsmoment zur Vorderachse leiten. Gleichzeitig verhilft die optimierte Zusammenarbeit von Motor, Getriebe und Allradantrieb den neuen Spitzen-Elfern zu noch besserem Spurtvermögen: Der 911 Turbo beschleunigt mit dem optionalen Sport Chrono Paket in 3,2 Sekunden von null auf 100 km/h und übertrifft damit sogar den bisherigen 911 Turbo S um ein Zehntel. Dessen Nachfolger kann es noch besser: Er absolviert die Standardbeschleunigung in nur 3,1 Sekunden. Die Höchstgeschwindigkeit beträgt bis zu 318 km/h.

## Breiteste Karosserie aller Elfer

Dass beiden neuen Spitzenmodellen ihre Leistung auch anzusehen ist, versteht sich von selbst: Die weit ausladenden hinteren Kotflügel sind nochmals um 28 Millimeter breiter als bei den 911 Carrera 4- oder GT3-Modellen – zwischen C-Säule und Außenkante erstreckt sich eine mehr als handbreite, nahezu ebene Fläche. Weitere Differenzierungsmerkmale sind zweifarbige, geschmiedete 20-Zoll-Räder – beim 911 Turbo S mit Zentralverschluss. Der Turbo S setzt sich zudem durch neue Voll-LED-Scheinwerfer mit Vier-Punkt-Tagfahrlicht und dynamischer, kamerabasierter Fernlicht-Steuerung ab, die für den 911 Turbo als Option lieferbar sind.

Vom 911 GT3 übernehmen die Turbo-Modelle die aktive Hinterachslenkung, die dem Boliden nicht nur konkurrenzlose Wendigkeit beschert – der gegenläufige Lenkeinschlag bis 50 km/h verkürzt den Radstand virtuell um 250 Millimeter – sondern auch das Einparken leichter macht als je zuvor. Über 80 km/h lenkt das System die Hinterräder parallel zu den eingeschlagenen Vorderrädern. Dies entspricht wiederum einer virtuellen Verlängerung des Radstandes um sogar 500 Millimeter und verleiht dem Sportwagen insbesondere bei hohen Geschwindigkeiten eine enorme Stabilität.

***Krönung zur IAA 2013: Der neue Porsche Turbo mit 520 PS oder als Turbo S mit 560 PS.***

## Aktive Aerodynamik verbessert Effizienz und Performance

Auch die Aerodynamiker haben ganze Arbeit geleistet. Das neue Porsche Active Aerodynamics-Paket (PAA) besteht aus einem robusten, dreistufigen Frontspoiler, dessen Segmente pneumatisch ausgefahren werden, sowie dem ausfahrbaren Heckflügel mit drei ansteuerbaren Flügel-Positionen. So kann der Fahrer die Aerodynamik des 911 Turbo je nach Wunsch auf optimale Effizienz (Speed-Position) oder auf beste Fahrdynamik abstimmen. In Performance-Position sind alle Segmente des Frontspoilers voll ausgefahren und erzeugen erstmals deutlichen Abtrieb auch an der Vorderachse. Analog dazu wird der Heckflügel auf maximale Ausfahrhöhe mit größtem Anstellwinkel gebracht, um auch dort den Anpressdruck zu erhöhen. Die Fahrdynamik verbessert sich dadurch so wesentlich, dass allein so eine um zwei Sekunden kürzere Rundenzeit auf der Nürburgring-Nordschleife möglich wird.

*Rechts: Beim Turbo S gibt´s Räder mit Zentralverschluss und die Keramik-Bremse.*

*Der Tachometer-Zeiger hat die 100 km/h-Marke mit Sport Chrono Paket in 3,2 Sekunden passiert.*

## Neues Interieur mit hochwertiger Ausstattung

Die Rolle des Puristen hat der Turbo aber nie gespielt, und so zeigt sich auch sein Innenraum noch hochwertiger als bisher. Das S-Modell ist besonders umfangreich ausgestattet und bietet unter anderem ein exklusives Interieur in Schwarz/Carrerarot und mit den adaptiven Sportsitzen Plus mit 18-Wege-Verstellung und Memory. Darüber hinaus sind die Sitzrückenschalen beledert mit Doppel-Kappnaht, und verschiedene Elemente sind in Carbon-Optik gehalten. Das Bose-Soundsystem ist wie bei den Vorgängermodellen serienmäßig installiert, auf Wunsch ist erstmals eine Burmester-Anlage lieferbar. Zusätzlich stehen jetzt optional der radargesteuerte Abstandsregel-Tempomat sowie die kamerabasierte Verkehrszeichen- und Tempolimit-Erkennung zur Wahl.

Die beiden Turbo-Varianten der neuesten 911-Generation markieren den vorläufigen Höhepunkt in der 50-jährigen Geschichte des 911, zu deren Jubiläum die Zuffenhausener eigens eine Sonderedition auflegen. Auch wenn Porsche seit August 2012 offiziell eine Tochtermarke des Volkswagen-Konzerns ist, auch wenn es mit Boxster, Cayman, Cayenne, Panamera und demnächst Macan noch fünf weitere Baureihen gibt, stand der 911 nie weniger angefochten da als zu seinem 50. Geburtstag. Er ist Porsches Seele – und lässt den Traum vom ultimativen, präzisen Fahrgefühl, den Ferry Porsche 1948 geträumt hat, mit jeder Generation neu erleben.

***Das Interieur des Turbo findet wie immer die Balance zwischen Sportlichkeit und Komfort.***

*Rechtzeitig zum Fünfzigsten: der breiteste Porsche 911 aller Zeiten*

CHE
0 503

## Technische Daten

# Die stärksten 911-Typen aus fünf Jahrzehnten

### 911 2,0

| | |
|---|---|
| Motorart: | Sauger |
| Leistung: | 130 |
| Hubraum: | 1991 |
| Vmax: | 210 |
| 0-100 km/h: | 9,6 |
| Bauzeit: | 09/1964 - 07/1967 |

### 911 S

| | |
|---|---|
| Motorart: | Sauger |
| Leistung: | 160 |
| Hubraum: | 1991 |
| Vmax: | 224 |
| 0-100 km/h: | 8,0 |
| Bauzeit: | 08/1966 - 07/1969 |

### 911 Carrera RS

| | |
|---|---|
| Motorart: | Sauger |
| Leistung: | 210 |
| Hubraum: | 2687 |
| Vmax: | 245 |
| 0-100 km/h: | 5,8 |
| Bauzeit: | 10/1972 - 07/1973 |

### 911 Turbo

| | |
|---|---|
| Motorart: | Turbo |
| Leistung: | 260 |
| Hubraum: | 2993 |
| Vmax: | 250 |
| 0-100 km/h: | 6,0 |
| Bauzeit: | 03/1975 - 07/1977 |

### 911 Turbo 3,3

| | |
|---|---|
| Motorart: | Turbo |
| Leistung: | 300 |
| Hubraum: | 3299 |
| Vmax: | 260 |
| 0-100 km/h: | 5,5 |
| Bauzeit: | 10/1977 - 07/1989 |

### 911 Turbo S (964)

| | |
|---|---|
| Motorart: | Turbo |
| Leistung: | 381 |
| Hubraum: | 3299 |
| Vmax: | 290 |
| 0-100 km/h: | 4,6 |
| Bauzeit: | 05/1992 - 07/1993 |

### 911 Carrera RS 3,8 (964)

| | |
|---|---|
| Motorart: | Sauger |
| Leistung: | 300 |
| Hubraum: | 3746 |
| Vmax: | 270 |
| 0-100 km/h: | 4,9 |
| Bauzeit: | 06/1992 - 02/1994 |

### 911 Turbo 3,6 (964)

| | |
|---|---|
| Motorart: | Turbo |
| Leistung: | 360 |
| Hubraum: | 3600 |
| Vmax: | 280 |
| 0-100 km/h: | 4,8 |
| Bauzeit: | 02/1993 - 02/1994 |

### 911 Turbo (993)

| | |
|---|---|
| Motorart: | Turbo |
| Leistung: | 408 |
| Hubraum: | 3600 |
| Vmax: | 290 |
| 0-100 km/h: | 4,5 |
| Bauzeit: | 04/1995 - 04/1998 |

### 911 GT2 (993)

| | |
|---|---|
| Motorart: | Turbo |
| Leistung: | 430 |
| Hubraum: | 3600 |
| Vmax: | 297 |
| 0-100 km/h: | 3,9 |
| Bauzeit: | 04/1995 - 04/1998 |

### 911 Turbo S (993)

| | |
|---|---|
| Motorart: | Turbo |
| Leistung: | 450 |
| Hubraum: | 3600 |
| Vmax: | 300 |
| 0-100 km/h: | 4,1 |
| Bauzeit: | 11/1997 - 04/1998 |

### 911 GT3 (996)

| | |
|---|---|
| Motorart: | Sauger |
| Leistung: | 360 |
| Hubraum: | 3596 |
| Vmax: | 302 |
| 0-100 km/h: | 4,8 |
| Bauzeit: | 04/1999 - 12/2001 |

### 911 Turbo (996)

| | |
|---|---|
| Motorart: | Turbo |
| Leistung: | 420 |
| Hubraum: | 3596 |
| Vmax: | 305 |
| 0-100 km/h: | 4,2 |
| Bauzeit: | 05/2000 - 06/2006 |

### 911 GT2 (996)

| | |
|---|---|
| Motorart: | Turbo |
| Leistung: | 462 |
| Hubraum: | 3596 |
| Vmax: | 315 |
| 0-100 km/h: | 4,1 |
| Bauzeit: | 01/2001 - 09/2003 |

### 911 GT3 RS (996)

| | |
|---|---|
| Motorart: | Sauger |
| Leistung: | 381 |
| Hubraum: | 3596 |
| Vmax: | 306 |
| 0-100 km/h: | 4,5 |
| Bauzeit: | 04/2003 - 09/2003 |

### 911 GT3 (997)

| | |
|---|---|
| Motorart: | Sauger |
| Leistung: | 415 |
| Hubraum: | 3596 |
| Vmax: | 310 |
| 0-100 km/h: | 4,3 |
| Bauzeit: | 07/2006 - 07/2008 |

### 911 Turbo (997)

| | |
|---|---|
| Motorart: | Turbo |
| Leistung: | 480 |
| Hubraum: | 2596 |
| Vmax: | 310 |
| 0-100 km/h: | 3,7 |
| Bauzeit: | 07/2006 - 07/2008 |

### 911 GT2 (997)

| | |
|---|---|
| Motorart: | Turbo |
| Leistung: | 530 |
| Hubraum: | 3596 |
| Vmax: | 329 |
| 0-100 km/h: | 3,7 |
| Bauzeit: | 07/2007 - 07/2010 |

### 911 Turbo S (997)

| | |
|---|---|
| Motorart: | Turbo |
| Leistung: | 530 |
| Hubraum: | 3824 |
| Vmax: | 315 |
| 0-100 km/h: | 3,1 |
| Bauzeit: | 04/2010 - 07/2012 |

### 911 GT3 RS (997)

| | |
|---|---|
| Motorart: | Sauger |
| Leistung: | 450 |
| Hubraum: | 3600 |
| Vmax: | 306 |
| 0-100 km/h: | 4,4 |
| Bauzeit: | 07/2004 - 07/2006 |

### 911 GT2 RS (997)

| | |
|---|---|
| Motorart: | Turbo |
| Leistung: | 620 |
| Hubraum: | 3600 |
| Vmax: | 330 |
| 0-100 km/h: | 3,5 |
| Bauzeit: | 08/2010 - 07/2012 |

### 911 GT3 RS 4.0 (997)

| | |
|---|---|
| Motorart: | Sauger |
| Leistung: | 500 |
| Hubraum: | 4000 |
| Vmax: | 310 |
| 0-100 km/h: | 3,9 |
| Bauzeit: | 07/2010 - 07/2011 |

### 911 GT3 (991)

| | |
|---|---|
| Motorart: | Sauger |
| Leistung: | 475 |
| Hubraum: | 3824 |
| Vmax: | 315 |
| 0-100 km/h: | 3,5 |
| Bauzeit: | seit 08/2013 |

### 911 Turbo S (991)

| | |
|---|---|
| Motorart: | Turbo |
| Leistung: | 560 |
| Hubraum: | 3824 |
| Vmax: | 318 |
| 0-100 km/h: | 3,1 |
| Bauzeit: | seit 09/2013 |

# BÜCHER FÜR PORSCHEFAHRER

ISBN: 978-3-95843-007-5
**€ (D) 45,–**

ISBN: 978-3-86852-305-8
**€ (D) 49,90**

ISBN: 978-3-89880-201-7
**€ (D) 35,–**

ISBN: 978-3-86852-946-3
**€ (D) 45,–**

ISBN: 978-3-86852-641-7
**€ (D) 49,95**

ISBN: 978-3-86852-093-4
**€ (D) 14,95**

ISBN: 978-3-89880-910-8
**€ (D) 49,90**

ISBN: 978-3-89880-988-7
**€ (D) 49,90**

ISBN: 978-3-89880-989-4
**€ (D) 49,90**

ISBN: 978-3-86852-888-6
**€ (D) 14,99**

**Unser komplettes Programm finden Sie im Buchhandel oder unter www.heel-verlag.de**

**Tel.: 02223 9230-0 | Fax: 02223 9230-13**